R/S-PLUS による統計解析入門

垂水共之・飯塚誠也 著

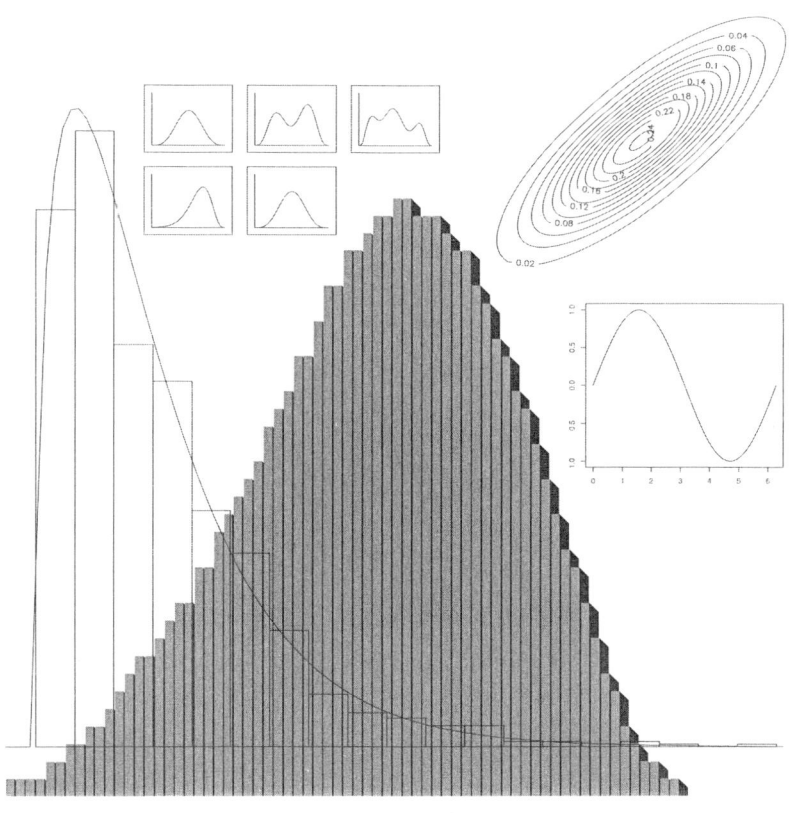

共立出版

- R は The R Foundation が著作権を有するフリーソフトウェアです．
- S-PLUS は Insightful Corporation の商標または登録商標です．
- その他，本文中に記載されている会社名，製品名などは各社の商標または登録商標です．なお，本文中では，^{TM}, ®などのマークは特に明記しておりません．

序

　本書は「Lisp-Stat による統計解析入門（垂水共之著）」を元に，Lisp-Stat で作成していたプログラム部分を R に書き換え，いくつかの節を加えたもので，大学入門程度の統計的データ解析の初歩を，計算機を使いながら理論を理解させることを念頭に，大学での講義ノートをもとに書き直したものである。データ解析や，統計のユーザーの立場では不要と思われる「数理統計学」的側面も省略することなくできるだけ精述し，数理関係の学生にも将来役立つようにしたつもりである。数式の変形についても省略することなく，細かく変形を追っているので，式の変形についてはテキストを参照することにし，講義では省略してもいいように心がけたつもりである。

　このごろの統計の本はデータ解析の側面が強くなり，理論的な証明は抜きで説明だけを行っているものが多いが，本書ではあえて硬派の路線を選んだ。計算機を使ったシミュレーションを多用しており，一見ソフトに見えるが，解説は硬く，理解は柔らかくとしたつもりであるが，読者の評価はいかがであろうか。

　最近のパソコンの普及・高機能化に伴い，ほとんどの処理はパソコンで可能となっているが，大学の一斉授業では UNIX を使っている大学も多い。このため講義で使うデータ解析エンジンとしては，UNIX からパソコンまで，パソコンも Windows から Macintosh までをフリーでサポートしている「R」を本書では選んだ。

　R は「S」およびその後継である「S-PLUS」を見本にして開発されたフリーソフト（ここでは無償で使えるソフトウェアの意味で使っている）である。S-PLUS は商用ソフトであり国内では（株）数理システム (http://www.msi.co.jp/) が販売している。S-PLUS も R も「S 言語」が利用できるソフトウェアであり，この間の互換性は高い。しかし完全互換をめざしているものでないので一部違いはある。本書は主にWindows 版 R で開発し，Linux 版 R を使って講義してきた。本書をまとめるにあたり，Windows 版 S-PLUS，および Linux 版 S-PLUS でチェックを行い，その差異がある部分を脚注に記している。S-PLUS でもほぼ問題なく利用できる。

　大学で Linux 版の R を使っている人は，本書で使った新しい関数のファイルだけをLinux ワークステーションに ftp で転送し，ロードすれば，本書の内容をそのまま利用できる。最近の Linux では R が標準でインストールされているものもあるので，確かめて利用していただきたい。プログラムは主に Windows で開発したが，Linux を使った講義で使いチェックしている。残念ながら身近に Macintosh がないので，Mac

版Rではチェックしていない。

　本書で使っている新しい関数などは次のホームページで公開しているので，ダウンロードして，自分のパソコンで自学自習することも可能である。
　http://www.mikawaya.to/appstat/
　本書の作成にあたり，岡山大学環境理工学部環境数理学科の関係者の方々にはいろいろご協力をお願いした。とくに，講義ノート，および関数のチェックを手伝ってくれた久保田貴文君（岡山大学助手），大学院生の亀川佳美さんの協力はありがたかった。また岡山大学での講義・演習のときTA (Teaching Assistant) として演習を手伝ってくれて，講義ノートの誤りを見つけてくれた大学院生の丸山敬博君の協力もありがたかった。

2006年1月　　　　　　　　　　　　　　　　　　　　　　　垂水共之，飯塚誠也

目　　次

第1章　Rの起動と終了
- 1.1　Rとは *1*
- 1.2　Linux環境での利用 *1*
  - 1.2.1　起動 *1*
  - 1.2.2　終了 *1*
- 1.3　Windows環境での利用 *2*
  - 1.3.1　起動 *2*
  - 1.3.2　終了 *2*

第2章　1変量データの入力・修正とRの基本操作
- 2.1　データ *3*
- 2.2　データの修正 *5*
  - 2.2.1　追加 *5*
  - 2.2.2　削除 *6*
  - 2.2.3　置換・修正 *7*
- 2.3　実行結果の保存 *7*
- 2.4　データ・関数の保存 *8*
- 2.5　作成した関数の読み込み *8*
- 2.6　保存したデータ・関数の読み込み *9*

第3章　1変量データの分析
- 3.1　分布を見よう（ヒストグラム） *10*
  - 3.1.1　主な分布形状 *11*
- 3.2　代表値 *13*
  - 3.2.1　平均値と中央値 *13*
  - 3.2.2　最小値, 最大値 *15*

3.3	5数要約と箱ひげ図（ボックスプロット）	*15*
	3.3.1　ヒンジ	*16*
3.4	ばらつきの尺度（分散，標準偏差）	*18*
	3.4.1　範囲 (range)	*19*
	3.4.2　四分位範囲 (interquartile range)	*20*
	3.4.3　平均偏差 (mean deviation)	*21*
	3.4.4　分散 (variance)	*21*
	3.4.5　標準偏差 (standard deviation)	*22*

第4章　2変量データの分析

4.1	データ	*23*
4.2	ファイルからのデータ入力	*25*
4.3	分布を見よう	*26*
4.4	回帰直線	*31*
4.5	相関係数	*33*
4.6	相関係数の性質	*37*
	4.6.1　完全相関	*38*
4.7	順位相関係数	*40*
	4.7.1　スピアマンの順位相関係数	*40*
	4.7.2　ケンドールの順位相関係数	*43*
	4.7.3　ケンドールの順位相関係数と τ 係数との関係 ..	*44*
4.8	多変量データのグラフ表現	*44*
	4.8.1　平行箱ひげ図	*46*
	4.8.2　散布図行列	*46*
	4.8.3　3次元散布図	*46*

第5章　確率分布

5.1	確率	*50*
5.2	確率分布	*51*
5.3	関数のグラフ	*52*
5.4	正規分布 (normal distribution)	*53*
5.5	一様分布 (uniform distribution)	*57*
	5.5.1　円周率のシミュレーション	*58*
5.6	標本分布	*60*
5.7	χ^2 分布	*60*
	5.7.1　χ^2 分布の導出	*60*
	5.7.2　χ^2 分布の再生性	*61*
	5.7.3　χ^2 分布の名前	*62*

	5.7.4 密度関数のグラフ	62
	5.7.5 乱数とシミュレーション	65
5.8	t 分布	67
	5.8.1 t 分布の導出	69
	5.8.2 シミュレーション 1	71
	5.8.3 シミュレーション 2	72
5.9	F 分布	74
	5.9.1 F 分布の導出	76
	5.9.2 シミュレーション	77
5.10	多変量正規分布と 2 変量正規分布	79
	5.10.1 2 変数関数のグラフ	79
5.11	標本相関係数の分布	83

第6章 中心極限定理

6.1	一様分布の場合	87
	6.1.1 $n=2$ の場合	87
	6.1.2 $n=3$ の場合	88
	6.1.3 一様乱数を用いた正規乱数の生成	90
6.2	種々の分布	90
	6.2.1 二次分布	90
	6.2.2 三角分布	91
	6.2.3 平方根分布	91
6.3	中心極限定理を眺めてみよう	92
6.4	シミュレーション その他の分布	95

第7章 推定

7.1	母集団と標本	98
7.2	点推定	99
	7.2.1 不偏性	101
	7.2.2 一致性	101
	7.2.3 有効性	102
	7.2.4 最尤法	103
7.3	正規分布の母平均 μ の点推定	104
7.4	正規分布の母分散 σ^2 の点推定	105
	7.4.1 母平均 μ が既知の場合	105
	7.4.2 母平均 μ が未知の場合	105
	7.4.3 母分散 σ^2 の不偏推定値	106
7.5	区間推定	106

目次

- 7.5.1 信頼度 ... 107
- 7.5.2 信頼区間 ... 107
- 7.6 母平均 μ の区間推定 ... 107
  - 7.6.1 母分散 σ^2 が既知の場合 ... 107
  - 7.6.2 母分散 σ^2 が未知の場合 ... 114
- 7.7 母集団分布が正規分布とは限らない場合（大標本） ... 117

第8章 検定

- 8.1 正規分布の母平均の検定（母分散 σ^2 が既知の場合） ... 119
- 8.2 正規分布の母平均の検定（母分散 σ^2 が未知の場合） ... 121
- 8.3 シミュレーション ... 121
  - 8.3.1 母平均の検定のシミュレーション（母分散既知の場合） ... 121
  - 8.3.2 母平均の検定のシミュレーション（母分散未知の場合） ... 125
- 8.4 正規分布の母分散の検定 ... 129
- 8.5 検出力 ... 132
  - 8.5.1 シミュレーション ... 133
  - 8.5.2 検出力関数のグラフ ... 136

解答例 ... 139

付録A

- A.1 乱数 ... 146
  - A.1.1 その他の分布の乱数発生プログラム ... 147
- A.2 多変量正規乱数 ... 149
- A.3 平均と中央値 ... 150
- A.4 中心極限定理 ... 151
- A.5 主な UNIX コマンド ... 152
  - A.5.1 ls (list specific) ... 153
  - A.5.2 cd (change directory, current directory) ... 153
  - A.5.3 mkdir (make directory) ... 153
  - A.5.4 cp (copy) ... 153
  - A.5.5 rm (remove) ... 154
  - A.5.6 mv (move) ... 154
  - A.5.7 chmod (change mode) ... 154
  - A.5.8 passwd ... 155
  - A.5.9 more ... 155
  - A.5.10 リダイレクト（標準入力・出力の切り替え） ... 156
- A.6 各種図・表の作成プログラム ... 156

	A.6.1 図 4.6	*156*
	A.6.2 図 7.1, 図 7.2	*156*
	A.6.3 共通一次試験総合得点（昭和 55 年）の分布	*157*
	A.6.4 年間所得分布	*158*

付　　録 B　　数表

B.1	数表作成プログラム	*167*
	B.1.1 正規分布表	*167*
	B.1.2 χ^2 分布表	*168*
	B.1.3 t 分布表	*168*
	B.1.4 F 分布表	*169*

付　　録 C　　R の最新版の入手法・各種情報の入手法

C.1	Windows 版 R のインストール	*170*

関連図書　　　　　　　　　　　　　　　　　　　　　　*175*

索　　引　　　　　　　　　　　　　　　　　　　　　　*176*

第1章

Rの起動と終了

1.1 Rとは

本書では「R」と呼ばれる統計ソフトウェアを使って，シミュレーション，グラフ描画を行いながら「統計理論」を検証していく．R はフリーの統計ソフトであり，Linux 版，Microsoft Windows 版，Macintosh 版が配布されている．

1.2 Linux 環境での利用

1.2.1 起動

ワークステーションにログイン後，R の処理のためのディレクトリ「R」を作って，カレントディレクトリをそのディレクトリに移動しておこう[1]．

```
% mkdir R
% cd     R
```

R の起動は利用する機種によって違う場合もあるが，標準は「R」[2]である．

```
% R
>
```

R と入力して「>」というプロンプト（入力促進文字）が表示されれば，R が起動できている．

1.2.2 終了

新しいソフトの使い方で，最初に覚えることは「終了」の方法である．R の場合，「>」が表示されているところで，「q()」と入力する．上の「q」は，R の終了を指示す

---

[1] 本書では UNIX のシェルのプロンプトは「%」で表示する．
[2] S-PLUS の起動コマンドは Splus である．

る関数（quit の省略形）である。

```
> q()
%
```

1.3 Windows 環境での利用

1.3.1 起動

Windows の「スタート」メニューの「プログラム」より,「R」の中の「R 2.2.1[3)]」をクリックして起動する。デスクトップに「R」のショートカット（図 1.1）があれば，それをダブルクリックしてもよい。ウィンドウが開き「>」が表示されれば，R が起動できている。

図 1.1　R の起動アイコン

1.3.2 終了

「>」が表示されているところで,「q()」と入力する。

```
> q()
```

すると「Save workspace image? [y/n/c]:」と保存して終了するかどうかの問い合わせがある。保存するなら y を，保存しないなら n を，キャンセルするなら c を入力しエンターキーを押す。これに加えて，Windows の場合，メニューバーの右端にある「×」ボタンを押して，ウィンドウを閉じようとした場合でも,「作業スペースを保存しますか？」とポップアップで問い合わせウィンドウがでる。保存するなら「はい」，しないなら「いいえ」ボタンをクリックしても終了できる。

[3)] 2006 年 1 月時点でのバージョン。2.2.1 の部分は適宜読み替えていただきたい。

第2章

1変量データの入力・修正とRの基本操作

2.1 データ

あるクラスで調査した14人の身長データが表2.1に与えられている。この「身長」を統計解析ソフトウェアRで分析してみよう。そのためにはこのデータを計算機，それも利用するソフトウェアであるRで扱えるようにする必要がある。多変量の多数のデータの入力は大変なので，他の表計算ソフトウェアなどを用いて，その後，Rでそのデータを読み込むほうが能率がよい。この章で扱うような1変量のデータの場合は，直接入力してもそれほど手間でもないだろう。

表 2.1 中学生14人の身長データ

番号	身長	番号	身長
1	148	8	137
2	160	9	149
3	159	10	160
4	153	11	151
5	151	12	157
6	140	13	157
7	156	14	144

Rを起動後，「>」というプロンプト（入力促進メッセージ）が表示されたら，次のように入力しよう。これは表2.1のデータを「height」という名前で登録する。

```
> height <- c(148,160,159,153,151,140,156,137,149,160,151,157,157,144)
```

途中に改行が入っても対応する「)」までを評価するので，次のように入力してもよい．

```
> height <-
c(
 148,
 160,
 159,
 153,
 151,
 140,
 156,
 137,
 149,
 160,
 151,
 157,
 157,
 144
)
```

このように入力すると画面には「+」が表示されるが，これは命令が完了していないことを意味しているので気にしないで，続けて入力すればよい．名前は大文字・小文字の区別をするので，height と HEIGHT は区別されることに注意しよう．height が登録されたか，入力されたデータに誤りが無いかを調べるために，名前 height だけを入力してみよう．

```
> height
 [1] 148 160 159 153 151 140 156 137 149 160 151 157 157 144
```

height が登録されていると，その内容（データの値）が表示されるので，値に誤りが無いかチェックしよう．

うまく登録できていればいいが，タイプミスなどで次のようなミスをしてしまう場合がある．

間違いの例

```
> heigth2 <-c(148,160,159,153,151,140,156,137,149,160,151,157,157,144)
> height2
エラー：オブジェクト "height2" は存在しません
```

この場合には名前「height2」にタイプミスがあったかも知れないので，登録されている名前一覧を関数 ls() を使って表示してみよう．

```
> ls()
[1] "height"  "heigth2"
```

この例では，「height2」を誤って「heigth2」と入力したようだ．データの大きさは，14 とそれほど多くないため，「height2」という名前で再度入力してもよいが，せっかく入力したデータを捨てるのはもったいない．対応策として，「heigth2」を「height2」

にコピーし，不用になった「heigth2」を消去すれば良い．新しい名前で登録するためには「<-」または「=」を，不用の名前を削除するためには「rm()（remove の省略形)」関数を用いる．

```
> height2 <- heigth2
> ls()
[1] "height"  "height2" "heigth2"
> rm(heigth2)
> ls()
[1] "height"  "height2"
```

2.2 データの修正

入力したデータに誤りがあった場合には，次の方法で修正しよう．

2.2.1 追加

データを追加する必要が出た場合は，これまでのデータの最後に追加する場合と，途中に追加する場合，およびデータを修正する場合が考えられる．

最後に追加

―――― 最後に追加 ――――
```
newx <- c(x, c(z1, z2, …, zl))
newx <- append(x, c(z1, z2, …, zl))
```

例
```
> x <- c(23, 22, 52, 13, 4)
> x
[1] 23 22 52 13  4
> newx <- c(x, c(10, 11, 12, 13))
> newx
[1] 23 22 52 13  4 10 11 12 13
> newxx <- append(x, c(10, 11, 12, 13))
> newxx
[1] 23 22 52 13  4 10 11 12 13
```

―――― $m-1$ 番目と m 番目の間にベクトルを追加 ――――
```
newx <- c(x[1:(m-1)], #xの1番目からm-1番目までのm-1個
          c(z1, z2, …, zl),  #追加するデータ
          x[ m:length(x)] #xのm番目から最後まで
)
```

または，次の append 関数を使っても，途中に追加できる．その場合は，オプションとして after を指定する．

── $m-1$ 番目と m 番目の間にベクトルを追加 (append) ──

```
newx <- append(x, c(z1, z2, …, zl), after = m - 1)
```

例

```
> x <- c(1, 2, 3, 4, 5)
> x
[1] 1 2 3 4 5
> newx <- c(x[1:2], c(10, 11, 12, 13), x[3:length(x)])
> newx
[1]  1  2 10 11 12 13  3  4  5
> newxx <-append(x, c(10, 11, 12, 13), after = 2)
> newxx
[1]  1  2 10 11 12 13  3  4  5
```

次のようにしても同じ動作をする。

```
> y <- c(10, 11, 12, 13)
> newx <- c(x[1:2], y, x[3:length(x)])
> newx
[1]  1  2 10 11 12 13  3  4  5
```

また，x, y は

```
> x <- 1:5
> x
[1] 1 2 3 4 5
> y <- 10:13
> y
[1] 10 11 12 13
> length(y)
[1] 4
```

としても同じベクトルが出来上がる。ここで使われている `length` 関数はベクトルの長さを返す関数である。つまり，`length(y)` ならば，y の大きさとなる。

2.2.2 削除

m 番目のデータを削除したい場合は次のように行う。

── m 番目のデータの削除 ──

```
newx <- x[-m]
```

例

```
> x <- c(3, 3, 2, 3, 3)
> x
[1] 3 3 2 3 3
> newx <- x[-3]     #xの3番目の値である2を削除し，newxに代入
> newx
[1] 3 3 3 3
```

2.2.3 置換・修正

m 番目のデータの値を z に変更したい場合は次のように行う。

────── m 番目のデータの置換 ──────
```
x[m] <- z
```

例
```
> x <- 1:5
> x
[1] 1 2 3 4 5
> x[3] <- 100
> x
[1]   1   2 100   4   5
```

例 複数の値を同時に修正
```
> x <- 1:5
> x
[1] 1 2 3 4 5
> x[c(2, 4)] <- c(102, 104)
> x
[1]   1 102   3 104   5
```

2.3 実行結果の保存

R の中で実行した結果（グラフを除く）を残したい場合には関数 sink() を使う。

────── 実行結果のファイルへの保存 ──────
```
sink("ファイル名")
    処理   #この部分の処理が「ファイル名」で指定されたファイルに記録される。
sink() #   ファイルへの記録を終了
```

ここで、#はそれ以降行末までコメントになる。つまり、ここに何かを書いたとしても実行されない。

例
```
> sink("result.txt")
> height
> mean(height)
> max(height)
> sink()
```

画面上にはなにも表示されないが、result.txt を開くと結果が保存されている。なお、result.txt は、何も指定しない場合、カレントディレクトリに作られる。

―――― ファイル result.txt の内容 ――――
```
 [1] 148 160 159 153 151 140 156 137 149 160 151 157 157 144
 [1] 151.5714
 [1] 160
```

通常，コンソール上に現れている結果はコピー&ペーストでレポートなどに貼り付ければ良いが，結果が数千行，数万行になってしまうときは，画面上でコピー&ペーストするのは大変なので sink 関数を使うと便利である。

2.4 データ・関数の保存

R のセッション[1]中で作成したデータ・関数を次回利用するために workspace を保存しておこう。保存のためには save.image 関数を使う[2]。

―――― データ・関数の保存 ――――
```
save.image("ファイル名")
```

起動から終了までに，自分で作ったデータ・関数が「ファイル名」というファイルに保存される。拡張子は標準の「***.RData」とすることを推奨する。

例
```
> save.image("intro.RData")
```

2.5 作成した関数の読み込み

関数を R のコンソール上で直接作成するとタイプミスなどがあったときにエラーになり，再びやり直す必要があるなど面倒なことがある。関数を作成するときは，エディタ（vi, emacs など）で一度作成した後，コピーして貼り付けよう。または，作成したファイルを「***.r」というファイル名で保存しておいて source 関数を使うとよい。

―――― データ・関数の保存 ――――
```
source("ファイル名")
```

「ファイル名」の中に記述されている関数が読み込まれる。

―――――――――――――――――――

[1] 起動から終了まで。
[2] S-PLUS には，この関数はない。終了したときに，特定のフォルダ（ディレクトリ）以下に自動的に保存される。

2.6 保存したデータ・関数の読み込み

別のセッションで保存したイメージを読み込んで利用できるようにするためには load 関数を用いる[3]。

```
load("ファイル名")
```

例
```
> load("intro.RData")
> ls()
[1] "height"  "height2" "newx"    "newxx"   "x"       "y"
```

演習 次の場合にはどんな R コマンドを入力すればよいか答えよ.

1. 1 番目のデータを削除する場合

2. 最後のデータ（何番目か数えたくない）を 123 という値に置換する場合

---

[3] S-PLUS では，この関数を用いずにフォルダ (Windows) を指定するかそのディレクトリ (Linux) に移動して起動する.

第3章

1変量データの分析

3.1 分布を見よう（ヒストグラム）

データが入力されたら，とりあえずデータにどんな値が，どれくらいあるかを見てみよう。いわゆる棒グラフを書いてみよう。統計では棒グラフを「**ヒストグラム (histogram)**」といい，その土台となる表を「**度数分布表**」という。

```
> hist(height)
```

別のウィンドウに描かれたヒストグラム（図 3.1）を見ると，160cm に向かって山がある単調型の分布をしている。一般には中央あたりに山が一つある「単峰型」の分布をしていることが多い。

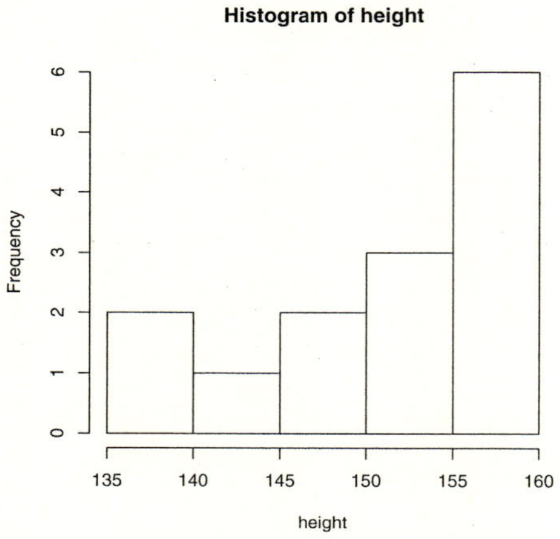

図 3.1 データ height のヒストグラム

3.1.1 主な分布形状

ヒストグラムを見るとデータによって様々な形状を示す。よく見受けられる形状として次のようなものがある。(図 3.2)。

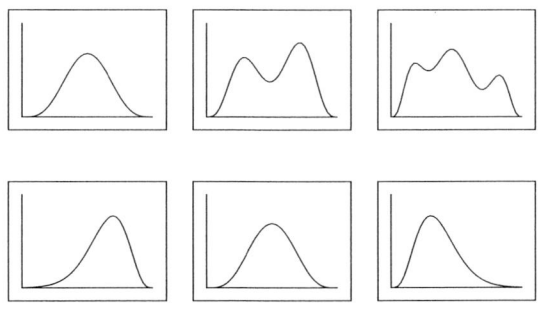

図 3.2 様々な分布形状

最初に度数の大きな部分が一ヶ所 (a) 単峰型（上段左）か，山が複数ある (b) 双峰型（多峰型）（上段中・右）かに注意しよう。双峰型の場合には，異種のデータが混じっている場合が多い。例えば，性別を無視して身長の分布を描いている場合などのような場合である。データを適切にグループ分けして描くと，単峰型が得られることが多い。

同じ単峰型でも峰を中心に左右対称のもの（下段中）から，左に偏ったもの（下段左），右に偏ったもの（下段右）などのパターンがある。共通一次試験（現在のセンター試験の前身）[1]のように 1000 点満点という打ち切りがある場合などではアルファベットの「J」に似た左に裾を引き，右側がスポッと切り取られたような「J 型分布」（図 3.3）がよく出てくる。逆に年間所得のように，多くの庶民に少数の富裕層がいるような例では右側に裾を引き，左側が切り取られたような「L 型分布」（図 3.4[2]）もある。

---
[1] データについては付録 A.6.3 参照。
[2] データについては付録 A.6.4 参照。

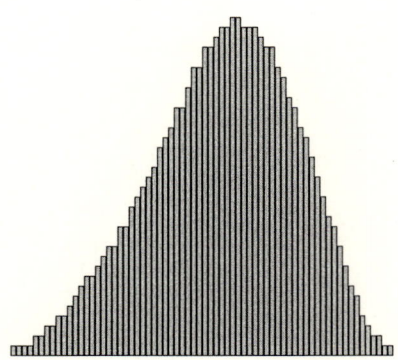

図 3.3 共通一次試験の総合得点の分布（昭和 55 年）

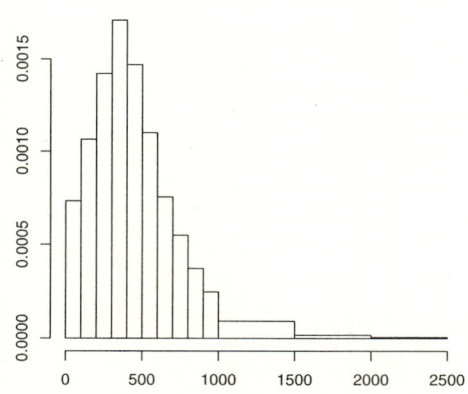

図 3.4 民間給与実態統計調査（平成 9 年）より

3.2 代表値

分布を説明するために，その中央あたりの値を「分布の中心」として「分布の代表値」として使う。「中心」のとらえ方によりいくつかの代表値がある。

3.2.1 平均値と中央値

代表値としては種々のものがあるが，ここでは「平均値（算術平均値）」と「中央値」とを求めてみよう。平均値，中央値を求めるには，それぞれ mean, median 関数を使う。

```
> height
 [1] 148 160 159 153 151 140 156 137 149 160 151 157 157 144
> mean(height)
[1] 151.5714
> median(height)
[1] 152
```

平均値 (mean, average) は

$$\bar{x} = \frac{1}{n}\sum_{i=1}^{n} x_i \tag{3.1}$$

で表される。

中央値 (median) は n 個のデータを大小の順に並べたとき，真ん中にあるデータの値である。すなわち，もとのデータ $x_1, x_2, \cdots, x_n$ を昇順に並び替えたものを

$$x_{(1)} \leq x_{(2)} \leq \cdots \leq x_{(n)}$$

と括弧付きの添え字であらわすと，

$$Me = \begin{cases} x_{(\frac{n+1}{2})} & (n:奇数) \\ \dfrac{x_{(n/2)} + x_{(n/2+1)}}{2} & (n:偶数) \end{cases} \tag{3.2}$$

平均値と中央値の値が近い場合は，概ねその値を中心として左右対称であることが多い。それに対してこの 2 つの値が離れているときには，対称性が崩れて右ないしは左に歪んでいるか，飛び離れた「**外れ値** (outlier)」があることが多い。外れ値については先のヒストグラムでチェックできる。

図 3.5 は平均値と中央値の違いを実際に確認する関数 boxplot.app[3] の画面である。グラフの表示エリア内をクリックすれば，その x 座標が，直線状にプロットされる（最新の点は赤で表示される）。その上に，箱ひげ図（3.3 節）を表示し，点の集まり具合とボックスプロットの対応を見ることができる。箱ひげ図の中にある線と同じ位置にある矢印（緑）は中央値を示し，もう一方の矢印（赤）は平均を示している。また，ある点の近くを右クリックすると，その点が削除されるようになっている。一通り眺めた後，終了するには，上下左右のいずれかの余白 (margin) をクリックすれ

---

[3] 2006 年 1 月現在 R (windows, バージョン 2.2.1 以上) でのみ，動作する。

ば終了できる[4]。

```
> boxplot.app()
```

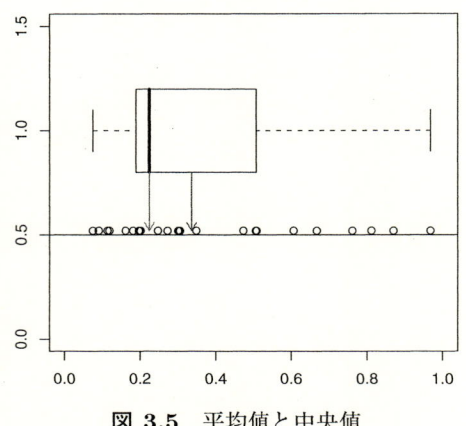

図 3.5 平均値と中央値

最小 2 乗法と平均値

n 個のデータ $x_1, x_2, \cdots, x_n$ を 1 個の値 a で代表させることを考えてみよう。すなわち，n 個のデータはさまざまな値をとっているが，すべて a で置き換えてしまおう。当然，置き換えたときの偏差（誤差）が出てくる。偏差（誤差）が少ないほうが良いというのは万人が認める基準である。その誤差も特定の i 番目のデータの誤差というわけではなく，データ全体としての誤差，誤差の和を小さくしたいということになる。すなわち，絶対偏差

$$f(a) = \sum_{i=1}^{n} |x_i - a|$$

表 3.1 代表値と偏差（誤差）

データ	偏差	絶対偏差	2 乗偏差
x_1	$x_1 - a$	$|x_1 - a|$	$(x_1 - a)^2$
x_2	$x_2 - a$	$|x_2 - a|$	$(x_2 - a)^2$
$\vdots$			$\vdots$
x_n	$x_n - a$	$|x_n - a|$	$(x_n - a)^2$
合計		$\sum_{i=1}^{n} |x_i - a|$	$\sum_{i=1}^{n} (x_i - a)^2$

---

[4] プログラムは，150 ページを参照すること。

なり，2 乗偏差なりの和

$$g(a) = \sum_{i=1}^{n}(x_i - a)^2$$

を最小にする a を求め，その値をデータの代表値にするという選択が考えられる。

残念ながら絶対偏差の和 $f(a)$ の最小値を求めることは難しい。それに対して，2 乗偏差の和 $g(a)$ を最小にする a を求めることは高校数学の範囲の知識で求まる。

$$\begin{aligned}
g(a) &= \sum_{i=1}^{n}(x_i - a)^2 \\
&= \sum_{i=1}^{n}\{(x_i - \bar{x}) - (a - \bar{x})\}^2 \\
&= \sum_{i=1}^{n}(x_i - \bar{x})^2 - 2(a - \bar{x})\sum_{i=1}^{n}(x_i - \bar{x}) + \sum_{i=1}^{n}(a - \bar{x})^2 \\
&= \sum_{i=1}^{n}(x_i - \bar{x})^2 + n(a - \bar{x})^2 \\
&\geq \sum_{i=1}^{n}(x_i - \bar{x})^2
\end{aligned}$$

これより，$a = \bar{x}$ のとき，関数 $g(a)$ は最小値 $\sum_{i=1}^{n}(x_i - \bar{x})^2$ をとることがわかる。

3.2.2　最小値，最大値

台風などの災害対策などの場合は，過去の最悪の災害を念頭に対策を立てる必要がある。例えば，これまでに降った雨の最大値や，マウスが死亡した最少の毒薬量が問題となる。これはデータの最大値 $(x_{(n)})$，最小値 $(x_{(1)})$ を代表値として用いる例である。最大値は max，最小値は min で求めることができる。

```
> height
 [1] 148 160 159 153 151 140 156 137 149 160 151 157 157 144
> max(height)
[1] 160
> min(height)
[1] 137
```

3.3　5 数要約と箱ひげ図（ボックスプロット）

箱ひげ図の説明のために，まず「5 数要約」から説明しよう。分布の概形を知りたい場合，グラフ表現としては前節のヒストグラムが有効であるが，この形の特徴を数値的に表現するために「5 数要約」がある。もとのデータ $x_1, x_2, \cdots, x_n$ を昇順に並び替えたものを

$$x_{(1)} \leq x_{(2)} \leq \cdots \leq x_{(n)}$$

と括弧付きの添え字であらわす。このとき注目する値はデータの一番小さい値（最小値）である $x_{(1)}$ と，一番大きな値（最大値）$x_{(n)}$，ならびに分布の中心である中央値であろう。最小値，最大値は外れ値があると大きく変動してしまい，安定性にかける。このためデータの小さい方 $n/4$ 個，大きい方 $n/4$ 個を捨てて，中央にある $n/2$ 個のデータの最小値，最大値を見ることがある。言い換えれば n 個のデータを大きさの順に $n/4$ 個ずつ 4 つに分割する分点を見ることになる。4 つに分割するので分点は 3 個あり，小さい方から「第 1 四分位点」，「第 2 四分位点」，「第 3 四分位点」といい，Q_1, Q_2, Q_3 で表す。言うまでもなく，第 2 四分位点 Q_2 は中央値である。この 3 個の分位点と最小値，最大値を加えた 5 個の値に要約することを「5 数要約」という。5 数要約を求める関数として summary がある[5]。

例えば，1, 2, 3, 4, 5, 6, 7, 8, 9, 10, 11, 12 という 12 個のデータがあったとき，5 数要約は

```
> x <- 1:12
> x
 [1]  1  2  3  4  5  6  7  8  9 10 11 12
> summary(x)
   Min. 1st Qu.  Median    Mean 3rd Qu.    Max.
   1.00    3.75    6.50    6.50    9.25   12.00
```

と，3 と 4 の間，6 と 7 の間，9 と 10 の間になっている。これが四分位点である。先の身長のデータでは次のようになる。

```
> height
 [1] 148 160 159 153 151 140 156 137 149 160 151 157 157 144
> summary(height)
   Min. 1st Qu.  Median    Mean 3rd Qu.    Max.
  137.0   148.3   152.0   151.6   157.0   160.0
```

3.3.1 ヒンジ

先ほどの例の 1, 2, 3, 4, 5, 6, 7, 8, 9, 10, 11, 12 という 12 個のデータに対して，四分割しようと思えば，3 個ずつに分けることになる。下側ヒンジとは，中央値より小さいデータの中央値，上側ヒンジは，中央値より大きいデータの中央値を意味する。

```
 1  2  3 |  4  5  6 |  7  8  9 | 10 11 12
```

R には，fivenum 関数[6]（または boxplot.stats）関数[7] が用意されており，これらは最小値，下側ヒンジ，中央値，上側ヒンジ，最大値をベクトルで返す。

---

[5] R では，他に fivenum または boxplot.stats 関数があるが，これらは，5 数として，最小値，下側ヒンジ，中央値，上側ヒンジ，最大値を返す。
[6] S-PLUS には fivenum 関数はない。
[7] S-PLUS では，
```
rslt <- boxplot(データ, plot = F, stats = T)
rslt
```
で表示できる。

3.3. 5数要約と箱ひげ図(ボックスプロット)

```
> fivenum(x)
[1]  1.0  3.5  6.5  9.5 12.0
> boxplot.stats(x)
$stats
[1]  1.0  3.5  6.5  9.5 12.0

$n
[1] 12

$conf
[1] 3.76336 9.23664

$out
numeric(0)
```

なお，boxplot.stats 関数で得られた結果の stats だけを取り出したい場合は，boxplot.stats(データ)$stats とすれば見ることができる。

```
> fivenum(height)
[1] 137 148 152 157 160
> boxplot.stats(height)$stats
[1] 137 148 152 157 160
```

なお，先ほどの summary 関数を用いて得られた第一四分位点，第三四分位点と fivenum によって得られる下側ヒンジ，上側ヒンジを比較してみると大きな差はないことがわかる。この差は，分位点のところで触れるが，R では分位点を計算するためにいくつか方法がある。上側，下側ヒンジは Q_3, Q_1 の候補のひとつである。この差はそれほど気にする必要はないだろう。

結果だけを見ると，5個の数値が並んだだけで味も素っ気も無い。この5数をグラフにしたのが次の箱ひげ図（ボックスプロット，boxplot）である。箱ひげ図は boxplot 関数で表示できる。

```
> boxplot(height)
```

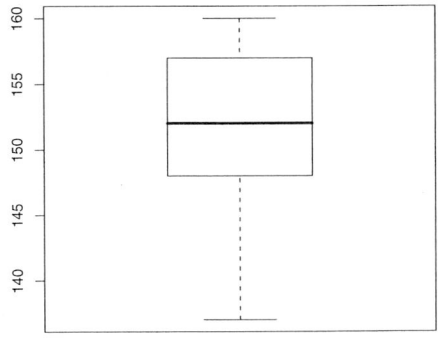

図 **3.6** データ height の箱ひげ図

図 3.6 の長方形の箱の上辺が第 3 四分位点（上側ヒンジ），下辺が第 1 四分位点（下側ヒンジ），箱の中の線が第 2 四分位点（中央値）である．箱の高さを四分位範囲 (Interquartile Range: $IQR = Q_3 - Q_1$) という．この箱から上と下に伸びている「ひげ」は，Q_3 から $Q_3 + 1.5IQR$ の範囲で一番大きなデータと $Q_1 - 1.5IQR$ から Q_1 の範囲で一番小さなデータまで線を引いている．この範囲を超えるデータ，すなわち区間 $(Q_1 - 1.5IQR, Q_3 + 1.5IQR)$ に入っていないデータがある場合は外れ値として丸印で示される．丸印があるかどうかで，外れ値があるかどうかが判断できると共に，箱の中の中央値を示す線分が箱の真ん中あたりにあるか，ひげの長さが上の方，下の方ともほぼ同じ長さかで，左右対称か否か，左右対称でないとすれば，どちらに歪んでいるかを読みとることができる．2 変数以上の場合の平行箱ひげ図については 4 章でさらに説明する．

四分位点を一般化した p 分位点，すなわち，$100p$ パーセント点 $(0 \leq p \leq 1)$ を求める関数として quantile[8] がある．例えば，データ x の下側 5％点を求める場合は

```
> quantile(x, 0.05)
  5%
1.55
```

となる．これを使えば，先の 5 数要約は

```
> quantile(height, c(0, 0.25, 0.5, 0.75, 1))
    0%    25%    50%    75%   100%
137.00 148.25 152.00 157.00 160.00
> summary(height, digits = 5)
   Min. 1st Qu. Median   Mean 3rd Qu.   Max.
 137.00  148.25 152.00 151.57  157.00 160.00
```

となる．ここで，summary 関数で使われているオプション digits は表示する桁数の指定である．

3.4　ばらつきの尺度（分散，標準偏差）

データの代表値と組にして使われる要約統計量が「ばらつきの尺度」を表す数値である．例えば，先の身長のデータ height と別の地区の身長のデータ height2 とを比べてみよう．

```
> height2 <- c(138 ,162, 158, 151, 145, 134, 160, 137, 151, 163, 152,
163, 158, 147)
> mean(height2)
[1] 151.3571
> median(height2)
[1] 151.5
```

この代表値を見ると，height と height2 とは大差ないようである．ところが，図 3.7 の箱ひげ図を見ると

---

[8] R の quantile 関数には，9 種類の分位点の計算法が用意されている．
quantile(x, c(0.25, 0.75), type = 1) のように type を使って指定することができる．

```
> boxplot(height, height2, names = c("height", "height2"))
```

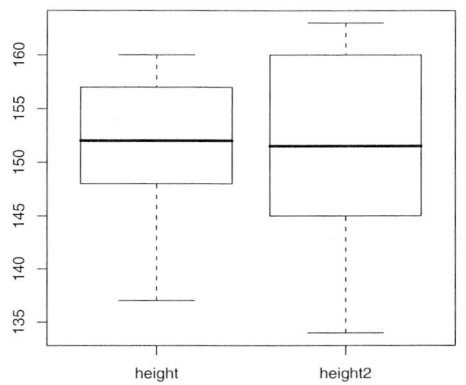

図 3.7 データ height と height2 の平行箱ひげ図

となり，height と height2 を比較すると，代表値は似ているものの，値がより小さな値から，より大きな値まで出現していることがわかる。これを数値的に示すのが，ばらつきの尺度であり，

1. 範囲 (range)
2. 四分位範囲 (interquartile range)
3. 平均偏差 (mean deviation)
4. 分散 (variance)
5. 標準偏差 (standard deivation)

などが使われている。

3.4.1 範囲 (range)

最小値から最大値までの値の分布している幅を「**範囲**」という。

$$R = x_{(n)} - x_{(1)} \tag{3.3}$$

range 関数を用いると，最小値と最大値を返す。

```
> range(height)
[1] 137 160
```

R の値を求めたいので，範囲 R を求める関数をここで作っておこう。新しい関数を作る（定義する）ためには function を用いる。

```
getrange <- function(x){
  diff(range(x))
}
```

関数の定義は，一般的には

──── 新しい関数の作り方 ────
```
関数名 <- function(引数のリスト){
        関数の本体
        返す結果
}
```

という形式で指定する．全体を一行で指定してもよい．ここで定義した関数 getrange は次のように使用できる．

```
> getrange(height)
[1] 23
```

3.4.2 四分位範囲 (interquartile range)

最小値，最大値は外れ値の影響を受けやすく，その2つの値を用いる範囲は，より影響を受けやすい．このため小さい方の25%のデータ，大きい方の25%のデータを捨てて残った中央部の半分（50%）のデータの範囲を求めた値が「**四分位範囲**」(interquartile range) である．

$$IQR = Q_3 - Q_1 = (\text{第 3 四分位点}) - (\text{第 1 四分位点}) \tag{3.4}$$

ここでは，四分位範囲を求める関数を作ることにしよう[9]．

```
interqrange <- function(x){
  iqr <- quantile(x, c(0.25, 0.75), names = F)
  diff(iqr)
}
```

```
> interqrange(height)
[1] 8.75
```

なお，R では IQR という関数が用意されている．

```
> IQR(height)
[1] 8.75
```

---

[9] S-PLUS では関数の 2 行目を iqr <- quantile(x, c(0.25, 0.75)) とすること．

3.4.3 平均偏差 (mean deviation)

代表値として平均値を用いる場合，平均値からのずれ（偏差, deviation）の平均，すなわち，

$$MD = \frac{1}{n}\sum_{i=1}^{n}|x_i - \bar{x}| \tag{3.5}$$

を「**平均偏差**」(mean deviation) という。平均偏差を求める関数をつくると次のようになる。

```
meandeviation <- function(x){
  sum(abs(x - mean(x))) / length(x)
}
```

height に対して，この関数を適用すると

```
> meandeviation(height)
[1] 5.857143
```

と計算される。

3.4.4 分散 (variance)

絶対値の計算は，手計算では符号を取るだけの操作で簡単であるが，性質を理論的に調べるためには原点で微分不可能なため難しい。このため絶対値の代わりに2乗することで，符号を正にした2乗偏差の平均を「**分散**」(variance) という。

$$s^2 = \frac{1}{n}\sum_{i=1}^{n}(x_i - \bar{x})^2 \tag{3.6}$$

この式に従って，分散を求める関数を作ってみよう。

```
variance <- function(x){
  sum((x - mean(x))^2) / length(x)
}
```

height に対して variance を実行すると以下のようになる。

```
> variance(height)
[1] 50.10204
```

なお，分母の n を $n-1$ に代えたものを「**不偏分散**」(unbiased variance) といい，推定・検定の立場では不偏分散を「分散」という言葉で使うことが多い。本書では n で割ったものを「（標本）分散」といい s^2 で，$n-1$ で割ったものを「（標本）不偏分散」といい u^2 で書くことにする。

$$u^2 = \frac{1}{n-1}\sum_{i=1}^{n}(x_i - \bar{x})^2 \tag{3.7}$$

なお，R には var という関数が組み込まれている．

```
> var(height)
[1] 53.95604
```

variance で計算した値と一致しない．統計ソフトウェアによって，（標本）分散を計算するか，不偏分散を計算するかは異なるので，最初に確かめるようにしよう．この場合は

```
> var(height) * (length(height) - 1) / length(height)
[1] 50.10204
```

を計算してみよう．R に組み込まれている分散 var は，不偏分散を計算していることがわかる．

3.4.5 標準偏差 (standard deviation)

分散（不偏分散）は 2 乗偏差の平均のため，元のデータの単位を 2 乗した単位を持つ．範囲や，平均偏差は元のデータと同じ単位を有しており，分散を元のデータと同じ単位に戻すために分散の平方根をとったものを「**標準偏差**」(standard deviation) という．

$$u = \sqrt{\frac{1}{n-1}\sum_{i=1}^{n}(x_i - \bar{x})^2} \qquad (3.8)$$

これは sd[10] という関数で求まる．

```
> sd(height)
[1] 7.345478
```

なお，先ほどの var 関数を使うならば，平方根を求める関数 sqrt を使って次のようにしても同じ値が計算される．

```
> sqrt(var(height))
[1] 7.345478
```

演習

1. 標準偏差を求める関数 standev を作りなさい（ここで作る関数は n で割ることにする）．

2. co2 と入力すると Mauna Loa Atmospheric での 1959 年 1 月から 1997 年 12 月までの 4,6,8ヶ月の月ごとの CO_2 の濃度のデータが co2 で利用できるようになる．このデータを分析しなさい（代表値や，ばらつきの尺度，グラフ作成など）．

---

[10] S-PLUS では stdev 関数になる．なお，sd を今後使うので S-PLUS ユーザは sd <- stdev としておこう．

第4章

2変量データの分析

4.1 データ

表 2.1 の身長のデータに体重のデータを追加した，あるクラスで調査した 14 人の身長と体重のデータが表 4.1 に与えられている．このデータを分析するためには，身長のデータと体重のデータを作り，これを結合したものを作る必要がある．データの入力をどのようにするかであるが，すでに身長のデータは height として入力済みなので，体重のデータを weight として作成しよう．

表 4.1 中学生 14 人の体格データ

番号	身長	体重	番号	身長	体重
1	148	41	8	137	31
2	160	49	9	149	47
3	159	45	10	160	47
4	153	43	11	151	42
5	151	42	12	157	39
6	140	29	13	157	48
7	156	49	14	144	36

```
> weight <- c(41, 49, 45, 43, 42, 29, 49, 31, 47, 47, 42, 39, 48, 36)
> weight
 [1] 41 49 45 43 42 29 49 31 47 47 42 39 48 36
> bodydata <- cbind(height, weight)
> bodydata
      height weight
 [1,]    148     41
```

```
     [2,]    160    49
     [3,]    159    45
     [4,]    153    43
     [5,]    151    42
     [6,]    140    29
     [7,]    156    49
     [8,]    137    31
     [9,]    149    47
    [10,]    160    47
    [11,]    151    42
    [12,]    157    39
    [13,]    157    48
    [14,]    144    36
```

最初からデータを入力し，行列として読み込むには次のように行う．

```
> bodydata <- matrix(
  c(
    148, 160, 159, 153, 151, 140, 156, 137, 149, 160, 151, 157, 157, 144,
    41, 49, 45, 43, 42, 29, 49, 31, 47, 47, 42, 39, 48, 36
  ), , 2)
> bodydata
        [,1] [,2]
 [1,]    148   41
 [2,]    160   49
 [3,]    159   45
 [4,]    153   43
 [5,]    151   42
 [6,]    140   29
 [7,]    156   49
 [8,]    137   31
 [9,]    149   47
[10,]    160   47
[11,]    151   42
[12,]    157   39
[13,]    157   48
[14,]    144   36
```

この2つ目の入力方法の場合，各列には名前が付いていないので，体重の平均が知りたい場合には

```
> mean(bodydata[ , 2])
[1] 42
```

のように，列番号（左より1列目，2列目，…）を指定しなければならない．これも不便なので，各列を取り出して，height, weight という名前を付けておこう．

```
> height <- bodydata[,1]
> weight <- bodydata[,2]
```

4.2 ファイルからのデータ入力

エディタや，ワープロなどで作成したテキスト形式のファイルからデータを入力するには次のように行えばよい。

縦横がきれいに揃って[1]「空白文字[2]」で区切られている場合には `read.table` が利用できる。引数としてデータのファイル名を与える。ファイル「data1.txt」に表 4.1 のデータが入っているとしよう。

```
――――――――――― ファイル data1.txt の内容 ―――――――――――
    148   41
    160   49
    159   45
    153   43
    151   42
    140   29
    156   49
    137   31
    149   47
    160   47
    151   42
    157   39
    157   48
    144   36
```

この場合，次のように指定すればよい[3]。

```
> bodydata <- read.table("data1.txt")
> bodydata
    V1 V2
1  148 41
2  160 49
3  159 45
4  153 43
5  151 42
6  140 29
7  156 49
8  137 31
9  149 47
10 160 47
11 151 42
12 157 39
13 157 48
14 144 36
```

`read.table` で入力したデータは列 (column) ごとにまとめられ，全体として名前

---

[1] 縦は揃っていなくてもよい。横一並びにデータが同じ個数だけ空白で区切られていればよい。
[2] 空白，タブ
[3] R (windows) では bodydata <- read.table(file.choose()) とし，ファイルを GUI 画面で選択しても良い。

bodydata が付けられている．各列を「**変数**」(variable) というが，変数ごとに分離するためには次のように行う．

```
> v1 <- bodydata[, 1]
> v2 <- bodydata[, 2]
> v1
 [1] 148 160 159 153 151 140 156 137 149 160 151 157 144
> v2
 [1] 41 49 45 43 42 29 49 31 47 47 42 39 48 36
```

R には，ファイルからデータを入力する関数として read.csv[4)]がある．これは，csv ファイル (comma separated value) を読み込むときに使うことが出来る．インターネット上で配布されているデータにはこの形式のファイルも多い．もし，csv ファイルで配布されるようなデータを用いる場合はこの関数を使おう．なお，他にもさまざまな形式のファイルを読み込むことができるが，ここでは触れない[5)]．

なお，R には，読み込んだデータが大きい場合，先ほどのように bodydata と入力して確認することは困難である．そのような場合は，(データが行列のとき) fix，または data.entry を使おう[6)]．

```
> fix(bodydata)
```

または

```
> data.entry(bodydata)
```

を実行すると図 4.1 のデータエディタが現れ，ここで確認，編集が出来る．こちらのほうが見やすいだろう．なお，コマンド画面に戻るには，このデータ入力の画面を閉じる必要があることに注意すること．

4.3 分布を見よう

2 変量データの分析としては，まず各変量ごとに「1 変量データの分析」を行うことになる．すなわち，height のヒストグラム，代表値，ばらつきの尺度を求め，外れ値がないか検討し，ついで，weight のヒストグラム，代表値，ばらつきの尺度を求め，外れ値がないか検討することになる．

```
> hist(height)
> boxplot(height)
> summary(height)
   Min. 1st Qu.  Median    Mean 3rd Qu.    Max.
  137.0   148.3   152.0   151.6   157.0   160.0
> mean(height)
[1] 151.5714
```

[4)] R (windows) では data1csv <- read.csv(file.choose()) とし，ファイルを GUI 画面で選択しても良い．
[5)] S-PLUS も同様さまざまな形式のファイルを読み込める．
[6)] S-PLUS では，オブジェクトエクスプローラなどで確認することができる．

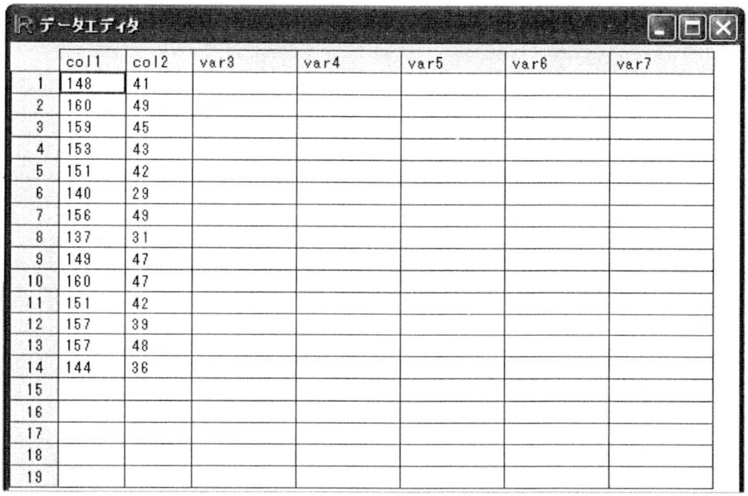

	col1	col2	var3	var4	var5	var6	var7
1	148	41					
2	160	49					
3	159	45					
4	153	43					
5	151	42					
6	140	29					
7	156	49					
8	137	31					
9	149	47					
10	160	47					
11	151	42					
12	157	39					
13	157	48					
14	144	36					
15							
16							
17							
18							
19							

図 4.1 データエディタ

```
> var(height)
[1] 53.95604
> hist(weight)
> boxplot(weight)
> summary(weight)
   Min. 1st Qu.  Median    Mean 3rd Qu.    Max.
   29.0    39.5    42.5    42.0    47.0    49.0
> mean(weight)
[1] 42
> var(weight)
[1] 40.76923
```

最初の 5 つのコマンドと，残りの 5 つのコマンドとは変量が height と weight と違っているだけである。同じ処理を変量を変えて実行したい場合には，その一連の処理を新しい関数として定義しておくと，入力が簡単になる。1 変量データの分析として one.var.analysis として定義しておこう。

```
one.var.analysis <- function(variable)
{
  hist(variable)
  boxplot(variable)
  summary(variable)
  mean(variable)
  var(variable)
}
```

この関数が正しく働くか確認してみよう．

```
> one.var.analysis(height)
[1] 53.95604
> one.var.analysis(weight)
[1] 40.76923
```

結果を見ると，箱ひげ図は表示されたものの，ヒストグラム，5数要約，平均値は表示されず，最後の分散の値だけが表示されている．これは関数として返される「値」は最後に評価した値という約束によるものであり，これを避けるためには陽に結果を表示させるように cat や print 関数を使うか，他の方法を用いる必要がある[7]．上で作成した結果をすべてまとめて出力する one.var.analysis を作成すると次のようになる[8]．

```
one.var.analysis <- function(variable)
{
  par(mfrow = c(2, 1))
  varh <- hist(variable)$breaks
  boxplot(variable, ylim = c(min(varh), max(varh)), horizontal = T)
  cat("summary  ", summary(variable),"\n")
  cat("mean     ", mean(variable),"\n")
  cat("variance ", var(variable),"\n")
}
```

```
> one.var.analysis(weight)
summary    29 39.5 42.5 42 47 49
mean       42
variance   40.76923
```

図 4.2 は，体重に対するヒストグラムと箱ひげ図である．箱ひげ図はあえて 90 度回転している．これをみることにより，ヒストグラムと箱ひげ図の対応を見ておこう．箱ひげ図はヒストグラムをより簡単にしたものであり，分布の中心（代表値）や分布のばらつきを見やすくまとめたものである．箱ひげ図は縦に表示することが多いが，

---

[7] list として出力するなどいくつかの方法がある．
[8] S-PLUS では，
```
one.var.analysis <- function(variable)
{
  hist(variable, plot = T)
  cat("summary  ", summary(variable),"\n")
  cat("mean     ", mean(variable),"\n")
  cat("variance ", var(variable),"\n")
}
motif()          #windowsはwin.graph()
varh <- hist(variable, plot = F)$breaks    #variableは指定する
bwplot(variable, xlim = c(range(varh)))    #variableは指定する
```

4.3. 分布を見よう

Histogram of variable

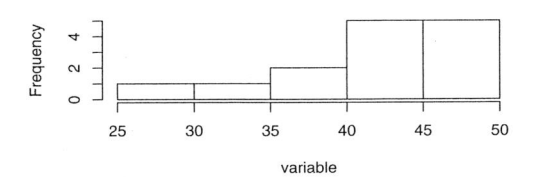

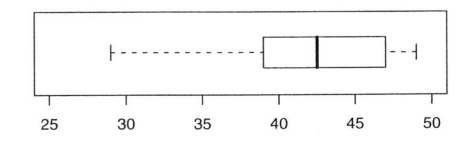

図 4.2 体重に対するヒストグラムと箱ひげ図

横に描けば，ヒストグラムとの対応がよく見える[9]。なお，par(mfrow = c(2, 1)) を使いグラフウィンドウを 2 分割したが，これを元に戻すために，一度グラフ画面を閉じるか，par(mfrow = c(1, 1)) としておこう。

1 変量ごとの分析・検討が終われば，次は 2 変量としての分析を行おう。2 つの変量が同じような項目を測定しているのであれば「**平行箱ひげ図**」も有用である。

```
> boxplot(height, weight, names = c("height", "weight"))
```

ただ，この例のように単位が違うもの（cm と kg）の場合，箱ひげ図はあまり有用ではない。

2 変量データとして分布を眺める場合，最初に行うのは，各ケースを xy 平面の座標として平面上に点をプロットした「**散布図（相関図）**」(scattergram, scatter plot) を描くことであろう。

```
> plot(height, weight)
```

---

[9] S-PLUS には箱を横に描く関数として bwplot がある。

第 4 章　2 変量データの分析

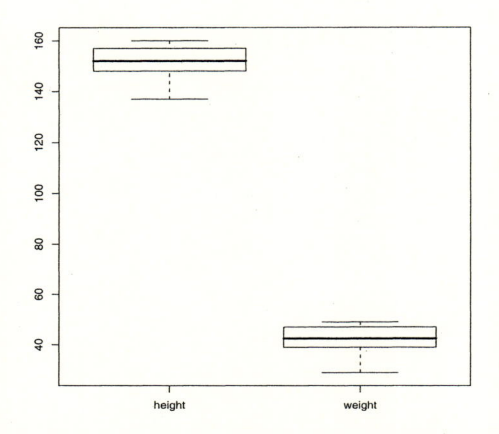

図 4.3　身長 (height) と体重 (weight) の平行箱ひげ図

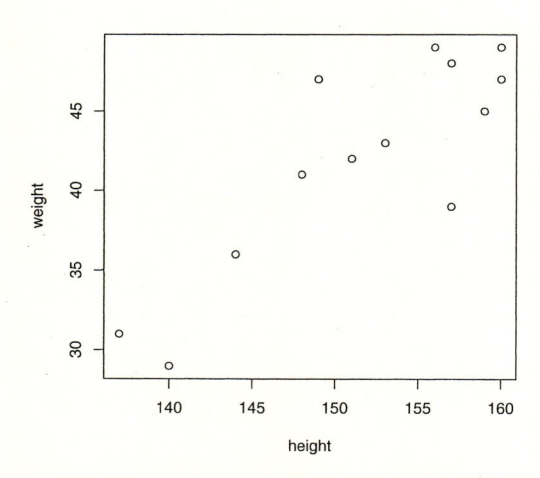

図 4.4　身長 (height) と体重 (weight) の散布図

4.4 回帰直線

散布図を見て，全体として右上がり，ないしは，右下がりの傾向が見受けられたら，その傾向を示す直線を散布図に引いてみよう．直線の方程式は

$$y = a + bx$$

で与えられる．傾き b と，y 切片 a をどのように決めれば良いだろうか？ 善し悪しの基準はいくつかあるが，一番よく使われているのが「最小2乗法」と呼ばれる基準である．

i 番目のデータに対して，$x = x_i$ のとき，

データの y の値	y_i
直線上の y の値	$\hat{y}_i = a + bx_i$
誤差	$y_i - \hat{y}_i$

「誤差」は少ないほどよいという考えは，ほとんどの人が認める基準であろう．ここで「少ない」ということは，ゼロに近いほどよいということであり，負の値がよいということではない．すなわち，誤差の符号を無視した値が小さいほどよい．

誤差を無視する方法として「絶対値」をとった「絶対誤差」を考える手もあるが，微分できないことにより理論的取り扱いは難しい．符号を無視するもう一つの方法が「2乗」することである．負の値でも2乗すると正の値になる．この性質を使って「2乗誤差」が小さいほどよいという考えで，n 個のデータの2乗誤差の和

$$Q(a,b) = \sum_{i=1}^{n}(y_i - \hat{y}_i)^2 = \sum_{i=1}^{n}(y_i - (a + bx_i))^2 \tag{4.1}$$

をできるだけ小さく，最小化してみよう．a, b で偏微分してゼロとおくことにより，次の結果を得る．

$$a = \bar{y} - b\bar{x} \tag{4.2}$$

$$b = \frac{\sum_{i=1}^{n}(x_i - \bar{x})(y_i - \bar{y})}{\sum_{i=1}^{n}(x_i - \bar{x})^2} = \frac{\frac{1}{n}\sum_{i=1}^{n}(x_i - \bar{x})(y_i - \bar{y})}{\frac{1}{n}\sum_{i=1}^{n}(x_i - \bar{x})^2} = \frac{s_{xy}}{s_x^2} \tag{4.3}$$

最小2乗法で求めた切片，傾きということでパラメータ a, b にハット（帽子）をつけて $\hat{a}, \hat{b}$ で表す（a ハット，b ハットと読む）ことが多い．求まった回帰直線の式をまとめると，次のようになる．

$$y = \hat{a} + \hat{b}x$$
$$y = (\bar{y} - \hat{b}\bar{x}) + \hat{b}x$$
$$y = \bar{y} + \hat{b}(x - \bar{x})$$
$$y - \bar{y} = \hat{b}(x - \bar{x})$$
$$y - \bar{y} = \frac{s_{xy}}{s_x^2}(x - \bar{x})$$

この式でわかる通り $x = \bar{x}$ のとき，$y = \bar{y}$ となり，回帰直線は $(\bar{x}, \bar{y})$ という点を通る。

回帰直線を求める関数として回帰モデルのあてはめを行う関数 lm (linear model の省略形) がある。これを使って身長と体重の回帰直線を計算してみよう。

```
> lm(weight ~ height)

Call:
lm(formula = weight ~ height)

Coefficients:
(Intercept)         height
   -70.1505         0.7399

> bodylm <- lm(weight ~ height)
> summary(bodylm)

Call:
lm(formula = weight ~ height)

Residuals:
    Min      1Q  Median      3Q     Max
-7.0167 -1.0268  0.1829  1.4228  6.9026

Coefficients:
            Estimate Std. Error t value Pr(>|t|)
(Intercept) -70.1505    19.9829  -3.511 0.004298 **
height        0.7399     0.1317   5.618 0.000113 ***
---
Signif. codes:  0 '***' 0.001 '**' 0.01 '*' 0.05 '.' 0.1 ' ' 1

Residual standard error: 3.488 on 12 degrees of freedom
Multiple R-Squared: 0.7246,     Adjusted R-squared: 0.7016
F-statistic: 31.57 on 1 and 12 DF,  p-value: 0.0001128
```

lm で求めた回帰直線の切片 (Intercept) と身長の係数 (height) を与えて，図 4.4 の散布図に回帰直線を付加しよう。このためには散布図に直線を上書きする abline (abline の名前は直線の一般式 $y = a + bx$ からきている) を使えば良い。

```
> abline(bodylm)
```

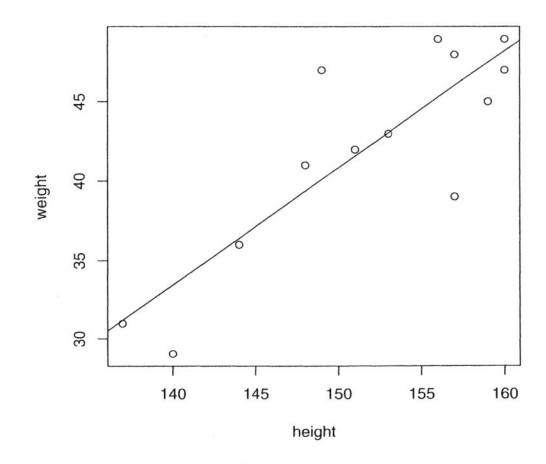

図 **4.5** 散布図と回帰直線

4.5 相関係数

散布図を見て，直線的な傾向があり，最小 2 乗法で傾向を示す回帰直線が引けたら，次は直線的傾向の強弱を数値化してみよう。

前節で示した通り回帰直線は $(\bar{x}, \bar{y})$ という点を通るので，この点を中心にして**象限**を分けてみよう（図 4.6[10]）。

右上がりの傾向が強い場合には第 I 象限，第 III 象限にほとんどのデータが集まり，第 II，第 IV 象限に落ちるデータは少ない。右上がりの傾向が弱くなってくると第 I，第 III 象限のデータが徐々に減ってきて，その分，第 II，第 IV 象限のデータが増えてくる。

さらに第 II，第 IV 象限のデータが増えて，第 I，第 III 象限のデータより多くなってくると右下がりの傾向を示し始める。右下がりの傾向が強くなるに連れて第 II，第 IV 象限のデータ数が増えてくる。

この傾向を数値化するキーワードは「第 I，第 III 象限のデータ数」と「第 II，第 IV 象限のデータ数」にある。この 2 つの大小関係が

「第 I，第 III 象限のデータ数」＞「第 II，第 IV 象限のデータ数」の場合には右上がり
「第 I，第 III 象限のデータ数」＜「第 II，第 IV 象限のデータ数」の場合には右下がり

の傾向を示し，大小関係が極端になるほど，直線的な傾向が強いことになる。

このため，直線的な傾向を数値化する式として最初に思いつくのは

「第 I，第 III 象限のデータ数」−「第 II，第 IV 象限のデータ数」

である。この値が正の場合は右上がり，負の場合は右下がりの傾向であり，絶対値が

---
[10] 図の表示プログラムは付録 A.6.1 参照

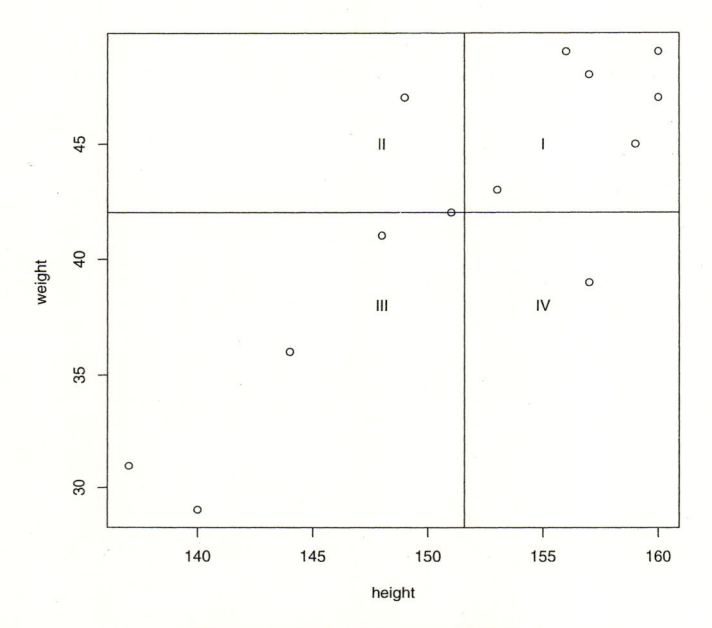

図 4.6 平均で分割した「象限」

大きいほど直線的な傾向が強く，絶対値が小さい（零に近い）ほど直線的な傾向が弱くなっている。

　この式の場合，データ数を n とすると，最大の値は $n - 0 = n$ であり，最小の値は $0 - n = -n$ であるので，$-n$ から n までの値をとる。

　ということは，データ数 n が異なる，A（大きさ n_A）というデータと B（大きさ n_B）というデータが与えられたとき，データ A とデータ B の間で直線的な傾向の強弱を比較することは難しい。

　このため，上の値をデータ数で割ったのが次の式である。

$$\tau = \frac{1}{n}(\text{「第 I，第 III 象限のデータ数」} - \text{「第 II，第 IV 象限のデータ数」}) \quad (4.4)$$

この値は -1 から $+1$ の範囲をとり，± 1 に近いほど，直線的な傾向が強く，ゼロに近いほど傾向が弱いことを示す。

　次のために，この式を少し変形しておこう。

　「第 I，第 III 象限のデータ数」を数えるためには「第 I，第 III 象限にあるデータ」には「$+1$」という得点を与え，「第 II，第 IV 象限のデータ数」を数えるためには「第 II，第 IV 象限にあるデータ」には「-1」という得点を与え，$+1$ の個数と，-1 の個数を数えて引き算すれば τ の本質部が求まる。各個数を数えて，差を求めるよりは，

4.5. 相関係数

プラス，マイナスの関係であるので，その得点を直接加えてしまえばよい．すなわち，

$$w(x,y) = \begin{cases} +1 & (x,y) \in \text{「第 I, 第 III 象限」} \\ -1 & (x,y) \in \text{「第 II, 第 IV 象限」} \end{cases}$$

すなわち

$$w(x,y) = \begin{cases} +1 & (x,y) \in (x-\bar{x})(y-\bar{y}) > 0 \\ -1 & (x,y) \in (x-\bar{x})(y-\bar{y}) < 0 \end{cases} \quad (4.5)$$

と置けば，

$$\tau = \frac{1}{n}\sum_{i=1}^{n} w(x_i, y_i) \quad (4.6)$$

と表現できる．これを**ケンドール(Kendall)のτ（タウ）係数**という．

さて，図 4.7 にある第 I 象限の 4 点を比べてみよう．τ の場合，どの点も重み $w(x,y)$ の値は +1 で同じ値（重み）である．しかし，この 4 点には次のような違いがある．データが少し変化した場合（データが追加された，削除された，あるデータが修正された）平均 $\bar{x}, \bar{y}$ が変わり，象限を決める線が変化する（例えば，実線から点線へ）．このとき，点 1 は第 I 象限から第 II, 第 III, 第 IV のどの象限にでも変化しやすい点である．点 2 は第 I 象限から第 IV 象限に変化しやすい点であり，点 4 は第 II 象限に変化しやすい点である．点 3 は少々のことでは第 I 象限から他の象限には変化しない．τ の場合にはどの点も同じ値であったが，所属する象限が変化しやすい点には小さな重みを，所属する象限が変化しにくい点には大きな重みを与えようという考えがある．この考えで，$w(x,y)$ をどのように与えようか？ 最初に思いつくのは象限の原点 $(\bar{x}, \bar{y})$ からの距離がある．しかし点 1 は $(\bar{x}, \bar{y})$ からの距離が小さいものの，点 2

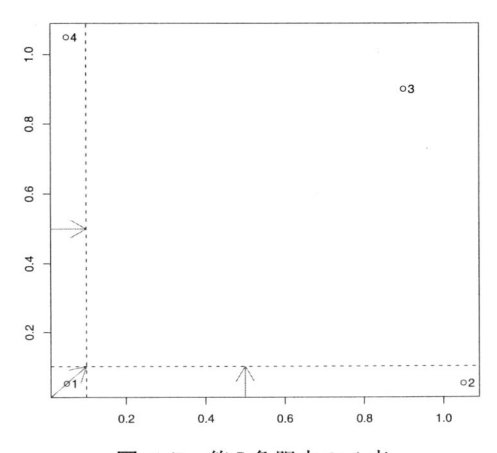

図 **4.7** 第 I 象限内の 4 点

から点4はどれもほぼ同じ距離にあり，点2,4と点3との特徴を区別することはできない。

結局，象限が変化しやすいか，変化しにくいかは軸からの距離 $|x-\bar{x}|,|y-\bar{y}|$ に関係している。さらに，第I，第III象限の点には正の値を，第II，第IV象限の点には負の値を与えることを考慮して，

$$w(x,y) = (x-\bar{x})(y-\bar{y})$$

が考えられる。τ の重み $w(x,y)$ をこれに変更して

$$\frac{1}{n}\sum_{i=1}^{n}w(x_i,y_i) = \frac{1}{n}\sum_{i=1}^{n}(x_i-\bar{x})(y_i-\bar{y}) = s_{xy}$$

となる。すなわち，**共分散** s_{xy} が出てくる。共分散には

$$s_{xy}^2 \leq s_x^2 s_y^2$$

という関係（Schwaltzの不等式）はあるものの，その値は $-\infty$ から ∞ までの値をとる。このため，この値がゼロの近くの値であれば直線的な傾向は弱いとわかるものの，どんな値であれば直線的な傾向が強いといえるのかの判定が難しい。

さらにこの値はデータの単位に関係しており，身長を cm で測った値か，m で測った値かで100倍の違いがある。直線的な関係の強弱に関しては同じなのに，値に違いがあるのは面白くない。そこで，各軸からの距離を標準偏差で割った値にし，標準偏差の何倍という値で測ることにしよう。

すなわち

$$w(x,y) = \left(\frac{x-\bar{x}}{s_x}\right)\left(\frac{y-\bar{y}}{s_y}\right) \tag{4.7}$$

とし，

$$\begin{aligned}\frac{1}{n}\sum_{i=1}^{n}w(x_i,y_i) &= \frac{1}{n}\sum_{i=1}^{n}\left(\frac{x_i-\bar{x}}{s_x}\right)\left(\frac{y_i-\bar{y}}{s_y}\right) = \frac{\frac{1}{n}\sum_{i=1}^{n}(x_i-\bar{x})(y_i-\bar{y})}{s_x s_y} \\ &= \frac{s_{xy}}{s_x s_y} = r_{xy}\end{aligned} \tag{4.8}$$

となる。これを「**相関係数**」(correlation coefficient) という。

共分散は cov で計算できる[11]。なお，var でも同じ結果が返ってくる。

```
> cov(height, weight)
[1] 39.92308
> var(height, weight)
[1] 39.92308
```

---

[11] S-PLUS では cov <- var としておこう。

なにで割っているか確認するために，式から共分散を計算する関数 covariance を作ってみよう．

```
covariance <- function(x, y)
{
  sum(((x - mean(x)) * (y - mean(y)))) / length(x)
}
```

height, weight の共分散を covariance を用いて計算してみよう．

```
> covariance(height, weight)
[1] 37.07143
> covariance(height, weight) * length(height) / (length(height) - 1)
[1] 39.92308
```

この結果から，共分散を計算する関数も $n-1$ で割っていることがわかる．

なお，相関係数は cor 関数を使って計算することができる．

```
> cor(height, weight)
[1] 0.851212
```

また，相関係数を求める関数 correlation を，standev (3 章での演習問題)，covariance を用いて作成してみよう．

```
standev <- function(x){
  sqrt(variance(x))
}
correlation <-function(x,y){
  covariance(x, y) / (standev(x) * standev(y))
}
```

これを用いて相関係数を計算すると

```
> correlation(height, weight)
[1] 0.851212
```

4.6 相関係数の性質

これまでの尺度化の考え方より，右上がりの傾向がある場合には正の値に，右下がりの傾向がある場合には負の値になるが，一番大きな性質は次の不等式が成立することであろう．

$$r^2 \leq 1$$

数学的には Schwaltz の不等式に過ぎないが，ここでは統計的に示しておこう．最小 2 乗法で回帰直線を求めたときの誤差 r_i (「**残差** residual」と呼ばれる) の 2 乗和を変形してみよう．

$$0 \leq \frac{1}{n}\sum_{i=1}^{n} r_i^2 = \frac{1}{n}\sum_{i=1}^{n}(y_i - \hat{y}_i)^2 = \frac{1}{n}\sum_{i=1}^{n}\{y_i - (\hat{a} + \hat{b}x_i)\}^2$$

$$= \frac{1}{n}\sum_{i=1}^{n}[y_i - \{(\bar{y} - \hat{b}\bar{x}) + \hat{b}x_i\}]^2$$

$$= \frac{1}{n}\sum_{i=1}^{n}\{(y_i - \bar{y}) - \hat{b}(x_i - \bar{x})\}^2$$

$$= \frac{1}{n}\sum_{i=1}^{n}\{(y_i - \bar{y})^2 - 2\hat{b}(x_i - \bar{x})(y_i - \bar{y}) + \hat{b}^2(x_i - \bar{x})^2\}$$

$$= \frac{1}{n}\sum_{i=1}^{n}(y_i - \bar{y})^2 - 2\hat{b}\frac{1}{n}\sum_{i=1}^{n}(x_i - \bar{x})(y_i - \bar{y}) + \hat{b}^2\frac{1}{n}\sum_{i=1}^{n}(x_i - \bar{x})^2$$

$$= s_y^2 - 2\hat{b}s_{xy} + \hat{b}^2 s_x^2 = s_y^2 - 2\frac{s_{xy}}{s_x^2}s_{xy} + \left(\frac{s_{xy}}{s_x^2}\right)^2 s_x^2$$

$$= s_y^2 - \frac{s_{xy}^2}{s_x^2} = s_y^2\left(1 - \frac{s_{xy}^2}{s_x^2 s_y^2}\right)$$

$$= s_y^2(1 - r_{xy}^2)$$

$s_y^2 \geq 0$ より，$1 - r_{xy}^2 \geq 0$ よって $r_{xy}^2 \leq 1$ すなわち $-1 \leq r_{xy} \leq 1$ である。

4.6.1 完全相関

$r_{xy} = \pm 1$ のとき，すなわち $r_{xy}^2 = 1$ のとき x と y とは「完全相関」という。先の式では

$$\frac{1}{n}\sum_{i=1}^{n} r_i^2 = s_y^2(1 - r_{xy}^2) = 0$$

より，残差 $r_1, r_2, \cdots, r_n$ は

$$r_1^2 = r_2^2 = \cdots = r_n^2 = 0$$

よって，

$$r_1 = r_2 = \cdots = r_n = 0$$

となり，全ての点の残差がゼロとなっている。すなわち，全ての点が（回帰）直線上にあることを示している。言うまでもなく，この直線が最小 2 乗法で求まる回帰直線となる。

無相関

$r_{xy} = 0$ のとき x と y とは「無相関」という。実際のデータでは丁度ゼロになることはほとんど無いので，ゼロに近いとき「無相関」と考えればよい。

4.6. 相関係数の性質

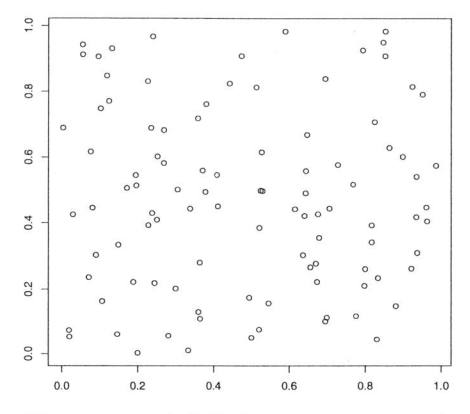

図 4.8 ほぼ無相関 ($r = -0.009261524$)

相関係数は直線的な傾向の強さを数値化したものであり，それがゼロということは「直線的な傾向が無い」ということを示している．単純に直線的な傾向が無いというだけであり，x と y とは関係が無いというわけではない．

例えば，次の例が示す通り，(直線でない) 2 次式などの関係はあるかもしれない．

例 図 4.9 のように円周上に左右・上下対称に点を取ると，これらの点からなるデータの相関係数はゼロになるが，x と y との間には「円周」という関係がある．このグラフの相関係数を計算してみると 2.231698e-17≒0 となる．

例 図 4.10 のように，2 次関数の関係があると，ほぼ無相関になる．実際にこのデータから計算した値は 0.014106663 となった．

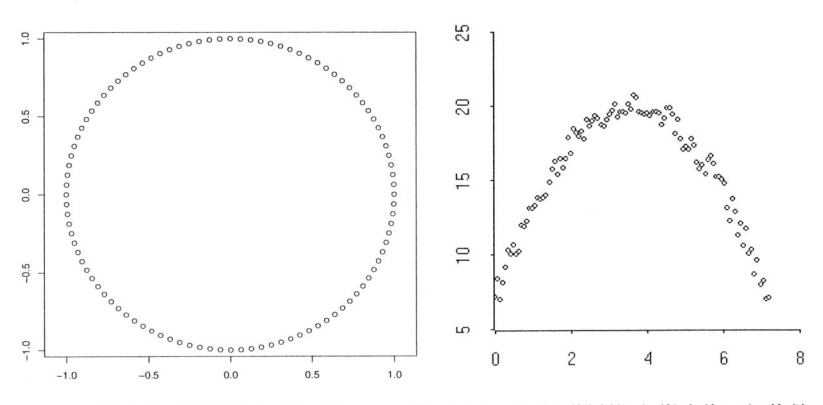

図 4.9 円周上のデータ **図 4.10** 温度（横軸）と微生物の個体数（縦軸）

4.7 順位相関係数

データが「順位 (rank)」という特殊な場合の相関係数を「**順位相関係数**」(rank correlation coefficient) という。例えば，表 4.2 のようにプロ野球セリーグの 6 球団の好きな順位を A, B 2 人の人につけてもらったデータがある。

表 4.2 プロ野球セリーグ 6 球団の好きな順位

球団	A	B
中日	3	2
広島	2	6
阪神	1	3
ヤクルト	5	5
横浜	4	1
巨人	6	4

一般には，n 個の対象 $O_1, O_2, \cdots, O_n$ に 2 人の人が付けた 2 組の順位

対象	A	B
O_1	a_1	b_1
O_2	a_2	b_2
$\vdots$	$\vdots$	$\vdots$
O_n	a_n	b_n

があり，この 2 組の順位の似具合を数値化しよう。

4.7.1 スピアマンの順位相関係数

ここでは A, B を普通のデータと見なして，相関係数を計算してみよう。このためには A, B の平均，分散，ならびに A と B との共分散を求める必要がある。

A の平均については $a_1, a_2, \cdots, a_n$ が順位ということより，1 から n が一回ずつ出てくる。このため，

$$\bar{a} = \frac{a_1 + a_2 + \cdots + a_n}{n} = \frac{1 + 2 + \cdots + n}{n} = \frac{n(n+1)/2}{n} = \frac{n+1}{2} \qquad (4.9)$$

となる。B の平均もまったく同様に $\bar{b} = (n+1)/2$ となる。

分散についても同様に計算してみよう。

$$\begin{aligned}
s_a^2 &= \frac{1}{n}\sum_{i=1}^{n}(a_i - \bar{a})^2 = \frac{1}{n}\sum_{i=1}^{n}a_i^2 - (\bar{a})^2 \\
&= \frac{a_1^2 + a_2^2 + \cdots + a_n^2}{n} - (\bar{a})^2 \\
&= \frac{1^2 + 2^2 + \cdots + n^2}{n} - \left(\frac{n+1}{2}\right)^2 \\
&= \frac{n(n+1)(2n+1)/6}{n} - \left(\frac{n+1}{2}\right)^2 = \frac{(n+1)(n-1)}{12}
\end{aligned} \quad (4.10)$$

共分散のためには次の式を変形してみよう。

$$\begin{aligned}
\sum_{i=1}^{n}(a_i - b_i)^2 &= \sum_{i=1}^{n}(a_i - \bar{a} + \bar{a} - b_i)^2 \\
&= \sum_{i=1}^{n}(a_i - \bar{a} + \bar{b} - b_i)^2 \\
&= \sum_{i=1}^{n}\{(a_i - \bar{a})^2 - 2(a_i - \bar{a})(b_i - \bar{b}) + (b_i - \bar{b})^2\} \\
&= \sum_{i=1}^{n}(a_i - \bar{a})^2 - 2\sum_{i=1}^{n}(a_i - \bar{a})(b_i - \bar{b}) + \sum_{i=1}^{n}(b_i - \bar{b})^2 \\
&= ns_a^2 - 2ns_{ab} + ns_b^2
\end{aligned}$$

よって,

$$\begin{aligned}
s_{ab} &= \left\{s_a^2 + s_b^2 - \frac{1}{n}\sum_{i=1}^{n}(a_i - b_i)^2\right\} \Big/ 2 \\
&= \frac{(n+1)(n-1)}{12} - \frac{1}{2n}\sum_{i=1}^{n}(a_i - b_i)^2
\end{aligned} \quad (4.11)$$

となり, 相関係数は

$$\begin{aligned}
r_{ab} &= \frac{s_{ab}}{\sqrt{s_a^2 s_b^2}} \quad &(4.12) \\
&= \frac{\frac{(n+1)(n-1)}{12} - \frac{1}{2n}\sum_{i=1}^{n}(a_i - b_i)^2}{\sqrt{\left(\frac{(n+1)(n-1)}{12}\right)\left(\frac{(n+1)(n-1)}{12}\right)}} \\
&= 1 - \frac{6}{n(n+1)(n-1)}\sum_{i=1}^{n}(a_i - b_i)^2 &(4.13)
\end{aligned}$$

となる。計算しているのは通常の相関係数であるが，データが「順位」なので，ここまでまとめることができた。これを「**スピアマンの順位相関係数**」(Spearman's rank correlation) という。

例 先のプロ野球の好みのデータで，スピアマンの順位相関係数を求めてみよう。

表 **4.3** セリーグ6球団の好きな順位

球団	A	B	$A-B$	$(A-B)^2$
中日	3	2	3−2	1
広島	2	6	2−6	16
阪神	1	3	1−3	4
ヤクルト	5	5	5−5	0
横浜	4	1	4−1	9
巨人	6	4	6−4	4
合計				34

$$r_{ab} = 1 - \frac{6}{6 \times 7 \times 5} \times 34 = 1 - \frac{34}{35} = \frac{1}{35}$$

となり，ほとんどゼロに近い。二人の好みはバラバラである (**注意**：二人の好みが「正反対」であれば，−1 に近い値がでるので，「好みが違う」というわけではない)。

```
> a <- c(3, 2, 1, 5, 4, 6)
> b <- c(2, 6, 3, 5, 1, 4)
> baseball <- cbind(a, b)
> cor(a, b)
[1] 0.02857143
```

これはスピアマンの順位相関係数を通常のピアソンの相関係数の関数 cor で計算したものである。R では，cor 関数はオプション指定をしなければ，ピアソンの相関係数を計算する。スピアマンの順位相関係数を計算するには，オプション
method = c("pearson", "kendall", "spearman") のうちの"spearman"を使う[12]。

```
> cor(a, b, method = "spearman")
[1] 0.02857143
```

---

[12] S-PLUS では，関数を用意しよう。先の式 (4.13) を使い，例えば cor.spearman と言う名前で関数を作成すればよい。

4.7.2 ケンドールの順位相関係数

スピアマンの順位相関係数の場合，n 個の対象に一連の順位を付けなければならない。しかし，n が大きいときに全体に順位を付けるのは難しいし，なかには「じゃんけん」の「ぐう」，「ちょき」，「ぱー」のように，3種類に一連の順位をつけることはできない場合もある。ただ，じゃんけんでもこの中の2つの間には大小（強弱）関係がついている。

数学的には n 個全体に順位がついている「全順序集合」と，n 個のうちの2個の O_i と O_j との間には順序がついている「半順序集合」との違いである。

人が順序を付ける場合，全体に順序を付けるのは難しくても，2個の O_i と O_j との間に順序を付けるのはそれほど難しくないことが多い。

このため，n 個の対象 $O_1, O_2, \cdots, O_n$ から取り出した $M = {}_nC_2$ 組の2個の組み合わせ (O_i, O_j) $(1 \leq i < j \leq n)$ に対して，大小関係を付けることにしよう。

A, B の二人に大小関係を付けてもらうと，二人の大小関係が「一致する組」と「不一致の組」とが現れる。M 組中，一致する組数を K，不一致の組数を $L(= M - K)$ とする。

二人の大小関係が似ている場合は，K が大きく，似ていない場合には L が大きくなる。これまでと同様に，似ている場合には正の値に，好みが逆の場合には負の値にするためには，次の式を考えればよい。

$$\tau = \frac{K - L}{M} \tag{4.14}$$

これは「**ケンドールの順位相関係数**」(Kendall's rank correlation) と呼ばれる。

例 先のプロ野球の好みを A, B の二人に大小関係を付けてもらった。$n = 6$ チームが対象なので，2チームずつの組は $M = {}_6C_2 = \frac{6 \times 5}{2 \times 1} = 15$ となる。この15組について大小関係を調べると，一致した組数 $K = 7$，不一致の組数 $L = 8$ であった。このため，ケンドールの順位相関係数は

$$\tau = \frac{7 - 8}{15} = -\frac{1}{15}$$

	A	B	w		A	B	w
(中広)	>	<	−1	(広巨)	<	>	−1
(中阪)	>	<	−1	(阪ヤ)	<	<	+1
(中ヤ)	<	<	+1	(阪横)	<	>	−1
(中横)	<	>	−1	(阪巨)	<	<	+1
(中巨)	<	<	+1	(ヤ横)	>	>	+1
(広阪)	>	>	+1	(ヤ巨)	<	>	−1
(広ヤ)	<	>	−1	(横巨)	<	<	+1
(広横)	<	>	−1				
				合計			−1

これを R を用いて計算しよう[13]。

```
> cor(a,b, method = "kendall")
[1] -0.06666667
```

4.7.3 ケンドールの順位相関係数と τ 係数との関係

ケンドールの順位相関係数は，考え方は 35 ページの式 (4.6) のケンドールの τ 係数と同じである．τ 係数では x, y と各々の平均値 $\bar{x}, \bar{y}$ との間の大小関係を考え，大小関係が一致する（I, III 象限）個数と，不一致（II, IV 象限）の個数を用いていた．ケンドールの順位相関係数では，これが二人の人がつけた大小関係となっただけである．

4.8 多変量データのグラフ表現

3 変数以上の p 変数のデータの分析は「多変量解析（分析）」と呼ばれ，本書の範囲を超えているが，ここでは散布図行列，3 次元散布図等のグラフ表現についてだけ触れておこう．

ここでは表 4.4 の「アイリス」データを例に用いる．

アイリス (iris) は 3 種類のアイリス（アヤメ）について各 50 個の花を，4ヶ所ずつ測定したデータで，サンプルデータとしてソフトとともに配布されている．iris と入力すると見ることができる[14]．

```
> iris
  Sepal.Length Sepal.Width Petal.Length Petal.Width Species
1          5.1         3.5          1.4         0.2  setosa
2          4.9         3.0          1.4         0.2  setosa
3          4.7         3.2          1.3         0.2  setosa
4          4.6         3.1          1.5         0.2  setosa
5          5.0         3.6          1.4         0.2  setosa
```

以下途中省略

---

[13] S-PLUS では，以下の関数を使う（R でも使える）．
```
cor.kendall <- function(a, b){
sum(sign(outer(a, a, "-")*outer(b, b, "-")))/(length(a)*(length(a) - 1))
}
> cor.kendall(a, b)
[1] -0.06666667
```

[14] S-PLUS の iris は次のように変換して使う．
```
iris.dat <- as.data.frame(rbind(iris[, , 1], iris[, , 2], iris[, , 3]))
```

4.8. 多変量データのグラフ表現

表 4.4 アイリス

アイリス・セトーサ(A 群)				アイリス・ヴェルシコロール(B 群)				アイリス・ヴィルジニカ(C 群)			
がく長さ	がく幅	花弁長さ	花弁幅	がく長さ	がく幅	花弁長さ	花弁幅	がく長さ	がく幅	花弁長さ	花弁幅
5.1	3.5	1.4	0.2	7.0	3.2	4.7	1.4	6.3	3.3	6.0	2.5
4.9	3.0	1.4	0.2	6.4	3.2	4.5	1.5	5.8	2.7	5.1	1.9
4.7	3.2	1.3	0.2	6.9	3.1	4.9	1.5	7.1	3.0	5.9	2.1
4.6	3.1	1.5	0.2	5.5	2.3	4.0	1.3	6.3	2.9	5.6	1.8
5.0	3.6	1.4	0.2	6.5	2.8	4.6	1.5	6.5	3.0	5.8	2.2
5.4	3.9	1.7	0.4	5.7	2.8	4.5	1.3	7.6	3.0	6.6	2.1
4.6	3.4	1.4	0.3	6.3	3.3	4.7	1.6	4.9	2.5	4.5	1.7
5.0	3.4	1.5	0.2	4.9	2.4	3.3	1.0	7.3	2.9	6.3	1.8
4.4	2.9	1.4	0.2	6.6	2.9	4.6	1.3	6.7	2.5	5.8	1.8
4.9	3.1	1.5	0.1	5.2	2.7	3.9	1.4	7.2	3.6	6.1	2.5
5.4	3.7	1.5	0.2	5.0	2.0	3.5	1.0	6.5	3.2	5.1	2.0
4.8	3.4	1.6	0.2	5.9	3.0	4.2	1.5	6.4	2.7	5.3	1.9
4.8	3.0	1.4	0.1	6.0	2.2	4.0	1.0	6.8	3.0	5.5	2.1
4.3	3.0	1.1	0.1	6.1	2.9	4.7	1.4	5.7	2.5	5.0	2.0
5.8	4.0	1.2	0.2	5.6	2.9	3.6	1.3	5.8	2.8	5.1	2.4
5.7	4.4	1.5	0.4	6.7	3.1	4.4	1.4	6.4	3.2	5.3	2.3
5.4	3.9	1.3	0.4	5.6	3.0	4.5	1.5	6.5	3.0	5.5	1.8
5.1	3.5	1.4	0.3	5.8	2.7	4.1	1.0	7.7	3.8	6.7	2.2
5.7	3.8	1.7	0.3	6.2	2.2	4.5	1.5	7.7	2.6	6.9	2.3
5.1	3.8	1.5	0.3	5.6	2.5	3.9	1.1	6.0	2.2	5.0	1.5
5.4	3.4	1.7	0.2	5.9	3.2	4.8	1.8	6.9	3.2	5.7	2.3
5.1	3.7	1.5	0.4	6.1	2.8	4.0	1.3	5.6	2.8	4.9	2.0
4.6	3.6	1.0	0.2	6.3	2.5	4.9	1.5	7.7	2.8	6.7	2.0
5.1	3.3	1.7	0.5	6.1	2.8	4.7	1.2	6.3	2.7	4.9	1.8
4.8	3.4	1.9	0.2	6.4	2.9	4.3	1.3	6.7	3.3	5.7	2.1
5.0	3.0	1.6	0.2	6.6	3.0	4.4	1.4	7.2	3.2	6.0	1.8
5.0	3.4	1.6	0.4	6.8	2.8	4.8	1.4	6.2	2.8	4.8	1.8
5.2	3.5	1.5	0.2	6.7	3.0	5.0	1.7	6.1	3.0	4.9	1.8
5.2	3.4	1.4	0.2	6.0	2.9	4.5	1.5	6.4	2.8	5.6	2.1
4.7	3.2	1.6	0.2	5.7	2.6	3.5	1.0	7.2	3.0	5.8	1.6
4.8	3.1	1.6	0.2	5.5	2.4	3.8	1.1	7.4	2.8	6.1	1.9
5.4	3.4	1.5	0.4	5.5	2.4	3.7	1.0	7.9	3.8	6.4	2.0
5.2	4.1	1.5	0.1	5.8	2.7	3.9	1.2	6.4	2.8	5.6	2.2
5.5	4.2	1.4	0.2	6.0	2.7	5.1	1.6	6.3	2.8	5.1	1.5
4.9	3.1	1.5	0.2	5.4	3.0	4.5	1.5	6.1	2.6	5.6	1.4
5.0	3.2	1.2	0.2	6.0	3.4	4.5	1.6	7.7	3.0	6.1	2.3
5.5	3.5	1.3	0.2	6.7	3.1	4.7	1.5	6.3	3.4	5.6	2.4
4.9	3.6	1.4	0.1	6.3	2.3	4.4	1.3	6.4	3.1	5.5	1.8
4.4	3.0	1.3	0.2	5.6	3.0	4.1	1.3	6.0	3.0	4.8	1.8
5.1	3.4	1.5	0.2	5.5	2.5	4.0	1.3	6.9	3.1	5.4	2.1
5.0	3.5	1.3	0.3	5.5	2.6	4.4	1.2	6.7	3.1	5.6	2.4
4.5	2.3	1.3	0.3	6.1	3.0	4.6	1.4	6.9	3.1	5.1	2.3
4.4	3.2	1.3	0.2	5.8	2.6	4.0	1.2	5.8	2.7	5.1	1.9
5.0	3.5	1.6	0.6	5.0	2.3	3.3	1.0	6.8	3.2	5.9	2.3
5.1	3.8	1.9	0.4	5.6	2.7	4.2	1.3	6.7	3.3	5.7	2.5
4.8	3.0	1.4	0.3	5.7	3.0	4.2	1.2	6.7	3.0	5.2	2.3
5.1	3.8	1.6	0.2	5.7	2.9	4.2	1.3	6.3	2.5	5.0	1.9
4.6	3.2	1.4	0.2	6.2	2.9	4.3	1.3	6.5	3.0	5.2	2.0
5.3	3.7	1.5	0.2	5.1	2.5	3.0	1.1	6.2	3.4	5.4	2.3
5.0	3.3	1.4	0.2	5.7	2.8	4.1	1.3	5.9	3.0	5.1	1.8

4.8.1 平行箱ひげ図

2 変数のところでも述べたが，p 変数が同じ単位のデータであれば p 個の箱ひげ図を同一画面に描く「平行箱ひげ図」で変数間の差異を比べることができる[15]。

```
> boxplot(iris[1:4])
```

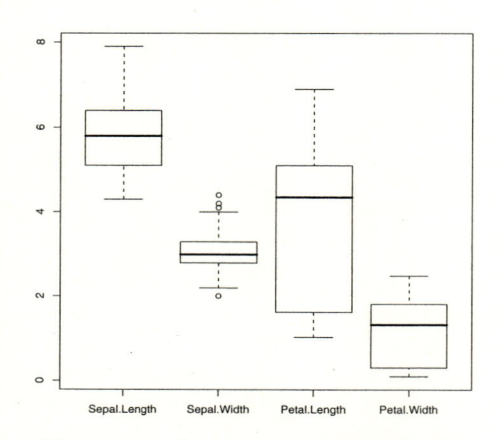

図 4.11 アイリスデータの平行箱ひげ図

図 4.11 を見ると，"Sepal Width" の箱の長さは短く，"Petal Length" の長さは長い。箱ひげ図の箱の長さは「四分位範囲」を表すものだったことを思い出せば，"Sepal Width" のばらつきは小さく，"Petal Length" のばらつきは大きいことがわかる。

4.8.2 散布図行列

p 変数のうちから 2 変数の全組み合わせについて散布図を描いたものを「散布図行列」という。p 変数間の関係を概括するために，分析の最初に描いてみることが多い。[16]

```
> pairs(iris[1:4])
```

または，R では，plot(iris[1:4]) でも散布図行列が描ける。

4.8.3 3 次元散布図

3 変数間の関連を見るために，3 次元空間を平面に図示するのが 3 次元散布図であり，「3D プロット」とか「スピンプロット」とか呼ばれている。静的な一枚の図にす

---

[15] S-PLUS では，boxplot(iris.dat[1:4])
[16] S-PLUS では，pairs(iris.dat[1:4])

4.8. 多変量データのグラフ表現

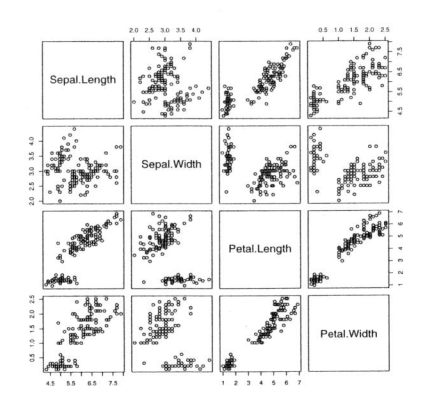

図 4.12 アイリスデータの散布図行列

るのではなく，計算機を用いて動的に回転を行えるようにしているものもある．Rで3次元散布図を描く命令はいくつかあるが，ここでは rgl パッケージを用いて，動的に回転を行える3次元散布図を描いてみよう．なお，ここで示すコマンドは，Rのみのものである[17]．なお，rgl パッケージをインストールする必要がある．

```
> library(rgl)
> rgl.points(iris[, 1], iris[, 2], iris[, 3], size = 3)
> rgl.lines(c(0, max(iris[, 1])), c(0, 0), c(0, 0))
> rgl.lines(c(0, 0), c(0, max(iris[, 2])), c(0, 0))
> rgl.lines(c(0, 0), c(0, 0), c(0, max(iris[, 3])))
> text3d(max(iris[, 1]), 0, 0, text = "X")
> text3d(0, max(iris[, 2]), 0, text = "Y")
> text3d(0, 0, max(iris[, 3]), text = "Z")
```

注意：アイリス (iris) は4変数データなので，先頭の3変数 ("Sepal Length" "Sepal Width" "Petal Length") を用いて3次元散布図を描いている．

回転はマウスを動かしたい方向にドラッグすることで行える．なお，拡大・縮小は，マウスのスクロールボタンを回転させることにより，拡大・縮小が可能である．

---

[17] S-PLUS では，spin(iris.dat) を使う．

図 4.13 アイリスデータ（回転前）

図 4.14 は回転・拡大後の図である。

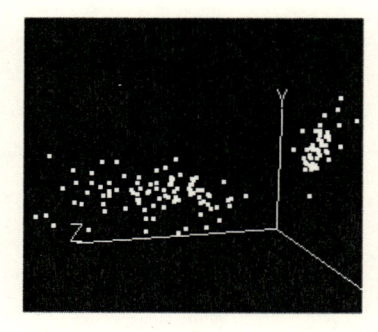

図 4.14 アイリスデータ（回転・拡大後）

演習

1. 次の 2 変量データを分析せよ（散布図を用いて相関係数など）。

50m 走（秒）	走り幅跳び (cm)	50m 走（秒）	走り幅跳び (cm)
6.8	489	7.0	398
7.2	464	7.1	485
6.8	430	7.2	400
6.8	362	6.9	511
7.2	453	7.5	430
7.0	405	7.0	487
7.0	420	7.4	470
7.1	466	7.9	380
6.8	415	6.8	460
7.1	413	7.7	398
7.4	404	7.4	415
7.2	427	6.9	470
8.0	372	7.6	450
6.8	496	7.0	500
7.6	394	7.6	410
7.0	446	6.9	500
6.6	446	7.5	400
6.6	420	6.8	505
6.8	447	7.2	522

2. プロ野球セリーグの 2005 年度の成績と 2004 年度の成績は次の通りであった。

	2005 年	2004 年
阪神	1	4
中日	2	1
横浜	3	6
ヤクルト	4	2
読売	5	3
広島	6	5

スピアマン，ケンドールの順位相関係数を求めよ。

第5章

確率分布

5.1 確率

サイコロを振ったときにどの目がでるか見当はつかないものの，何回もサイコロを振って確かめたときのある種の規則性が「**確率**」(probability) である。例えば，1の目がでる割合（確率）は6回に1回程度という規則性がある。これを「Pr(1の目が出る)=1/6」と書くことにし，1の目が出る確率は 1/6 という。

結果としては「偶数の目が出る」や，「5以上の目が出る」という結果を考えてもよい。一般に「A という結果が起きる[1]確率」を「$\Pr(A)$」で表す。

確率は，ある結果がどの程度の割合で起きるかを数値化したものであり，次の性質がある。

1. （範囲）
$$0 \leq \Pr(A) \leq 1 \tag{5.1}$$

2. （排反）結果 A と B とが同時に起きることはない[2]とき，A または B の少なくとも一方が起きる確率[3]は
$$\Pr(A \cup B) = \Pr(A) + \Pr(B) \tag{5.2}$$

確率が 0 のとき，すなわち $\Pr(A) = 0$ のとき，A という結果が起きることは無い。逆に確率が 1 のとき，すなわち $\Pr(A) = 1$ のとき，A という結果は必ず起きることを意味する。

---

[1] 数学的には**事象**という。本書では事象については深入りしないことにする。
[2] A と B とは互いに**排反**という。
[3] 正確には可算無限個の場合を考える。

5.2 確率分布

宝くじで一等賞が当たる確率や，試験に合格する確率などに対して，種々の結果がどんな確率で起きるかをまとめたものを「**確率分布**」(probability distribution) という。

サイコロを振ったときに出る目のように結果が有限個の場合や，ある交差点を通り過ぎる歩行者の人数のように正の整数値しかとらないような「離散的」な場合には，個々の結果を得る確率

$$\Pr(X = a_i) = p_i \quad (i = 1, 2, \cdots, m) \tag{5.3}$$

を表にした確率分布表を考える。

表 5.1 確率分布表

結果	a_1	a_2	$\cdots$	a_m	合計
確率	p_1	p_2	$\cdots$	p_m	1

これに対して，あるクラスの身長の分布を考えるとき，身長が170cmといっても，正確な値としての170.0000$\cdots$cmであることはまずない。測定器の精度や，通常の範囲で省略（まるめ）して，170cmと言っているだけであり，四捨五入して170cm（正確には169.5cm以上170.5cm未満），または切り捨てて170cm（正確には170.0cm以上171.0cm未満）としている。すなわち，ある幅の範囲の値をいっている。このように，ある区間内の全ての値が（測定器の精度がよくて正確に測定できるのであれば）現れるような現象を「連続型」分布という。連続型分布の場合，特定の1つの値をちょうどとる可能性はまずなく，特定の値を取る確率は，通常0と考えられる。

$$\Pr(X = a) = 0$$

このため通常は幅を付けた値で確率を考える。例えば，$\Pr(169.5 \leq X < 170.5)$のような，確率を考える。これを一般化したものが「**累積分布関数**」(cummulative distribution function, CDF) である。

定義 確率変数 X に対して，

$$F(x) = \Pr(X < x) \quad (-\infty < x < \infty) \tag{5.4}$$

を確率変数 X の累積分布関数という。

確率密度関数 累積分布関数 $F(x)$ が微分可能なとき，導関数

$$f(x) = \frac{d}{dx} F(x) \tag{5.5}$$

を確率変数 X の**確率密度関数** (probability density function, pdf) という。簡単に密度関数ということも多い。

微分と積分の関係より，密度関数が在るときには，

$$\Pr(X < x) = F(x) = \int_{-\infty}^{x} f(t)dt \tag{5.6}$$

となる。一般に，

$$\Pr(a \leq X < b) = F(b) - F(a) = \int_a^b f(x)dx \tag{5.7}$$

であり，先の身長170cmの確率は

$$\Pr(169.5 \leq X < 170.5) = F(170.5) - F(169.5) = \int_{169.5}^{170.5} f(x)dx$$

として，定式化できる。

累積分布関数が確率で定義されていることより，次の性質が成り立っている。

(1) （非負性）　　　$0 \leq F(x) \leq 1$
(2) （単調性）　　　$F(x_1) \leq F(x_2) \quad (x_1 < x_2)$
(3) （右連続性）　　$\lim_{x \to a+0} F(x) = F(a)$
(4) （極限）　　　　$\lim_{x \to -\infty} F(x) = 0$
　　　　　　　　　　$\lim_{x \to \infty} F(x) = 1$

注意： この累積分布関数は離散型の確率変数についても，同様に定義できる。

5.3　関数のグラフ

Rでは普通の1変数関数のグラフを描く関数としてcurve[4]がある。例えば，正弦関数sin関数を0から2π までの範囲で描く場合は，次のように指定する（図5.1）。

---

[4] S-PLUS では，次の関数を使うこと。

```
curve <- function(func, xmin, xmax, add = F, col = 1){
  color <- col
  xdat <- seq(xmin, xmax, (xmax - xmin)/100)
  ydat <- sapply(xdat, func)
  if(!add){
    plot(xdat, ydat, type = "l", xlab="", ylab="")
      if(color != 1)
        lines(xdat, ydat, col = color)
  }
  if(add)
    lines(xdat, ydat, col = color)
}
```

```
> curve(sin, 0, 2 * pi)
```

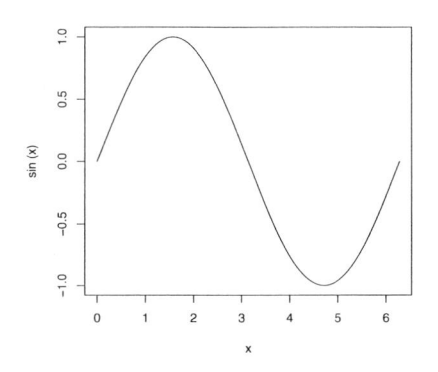

図 5.1　正弦関数のグラフ

5.4　正規分布 (normal distribution)

正規分布は測定誤差などに出てくる分布で，ガウス分布とよばれたり，白色雑音 (White noise) と呼ばれたりすることもあり，現在の統計理論では一番基礎となる分布である．平均 0, 分散 1^2 の**標準正規分布** (standard normal distribution, $N(0,1^2)$) の確率密度関数 (probability density function) は

$$\phi(z) = \frac{1}{\sqrt{2\pi}} \exp\left[-\frac{z^2}{2}\right] \tag{5.8}$$

であり，累積分布関数 (cummulative density function) は

$$\Phi(z) = \Pr(Z < z) = \int_{-\infty}^{z} \phi(t)dt \tag{5.9}$$

である．これらの関数のグラフを表示させようとすると，まず関数を探さなければならない．

関数名に「Normal」がつくものを help.search [5] 関数を使って表示させて見よう．

---

[5] R には関数名や，関数の使い方を調べるための関数として，help, help.search, apropos がある．apropos は関数名に指定の文字列を含んでいる関数名一覧を，help は指定の関数の使い方を，help.search は名前や，タイトルなどヘルプ中に指定の文字列を含んでいる関数を表示する．なお，S-PLUS には apropos 関数はない．

```
> help.search("Normal")
Help files with alias or concept or title matching 'Normal' using fuzzy
matching:


conditions(base)          Condition Handling and Recovery
formals(base)             Access to and Manipulation of the Formal
                          Arguments
missing(base)             Does a Formal Argument have a Value?
standardGeneric(base)     Formal Method System -- Creating Generic
                          Functions
norm.ci(boot)             Normal Approximation Confidence Intervals
Formaldehyde(datasets)
                          Determination of Formaldehyde
bandwidth.nrd(MASS)       Bandwidth for density() via Normal Reference
                          Distribution
mvrnorm(MASS)             Simulate from a Multivariate Normal
                          Distribution
functionBody(methods)     Utility Functions for Methods and S-Plus
                          Compatibility
methods-package(methods)
                          Formal Methods and Classes
promptClass(methods)      Generate a Shell for Documentation of a Formal
                          Class
promptMethods(methods)
                          Generate a Shell for Documentation of Formal
                          Methods
slot(methods)             The Slots in an Object from a Formal Class
qqnorm.gls(nlme)          Normal Plot of Residuals from a gls Object
qqnorm.lm(nlme)           Normal Plot of Residuals or Random Effects from
                          an lme Object
Lognormal(stats)          The Log Normal Distribution
Normal(stats)             The Normal Distribution
shapiro.test(stats)       Shapiro-Wilk Normality Test
normalizePath(utils)      Express File Paths in Canonical Form


Type 'help(FOO, package = PKG)' to inspect entry 'FOO(PKG) TITLE'.
```

これから，Normal の中にありそうだということが想像できる．そこで，Normal の中身を実際に見てみよう．

```
> help("Normal")
Normal                    package:stats                    R Documentation

The Normal Distribution

Description:
```

5.4. 正規分布 (normal distribution)

```
Density, distribution function, quantile function and random
generation for the normal distribution with mean equal to 'mean'
and standard deviation equal to 'sd'.

Usage:

    dnorm(x, mean=0, sd=1, log = FALSE)
    pnorm(q, mean=0, sd=1, lower.tail = TRUE, log.p = FALSE)
    qnorm(p, mean=0, sd=1, lower.tail = TRUE, log.p = FALSE)
    rnorm(n, mean=0, sd=1)
Value:

    'dnorm' gives the density, 'pnorm' gives the distribution
    function, 'qnorm' gives the quantile function, and 'rnorm'
    generates random deviates.
```
（以下略）

または

```
> ?Normal
```

でもよい。これは，help と同じ動作をする。help の表示を見ると，標準正規分布の密度関数は「dnorm」であり，そのグラフは次の式で得られる（図 5.2）。

```
> curve(dnorm, -4, 4)
```

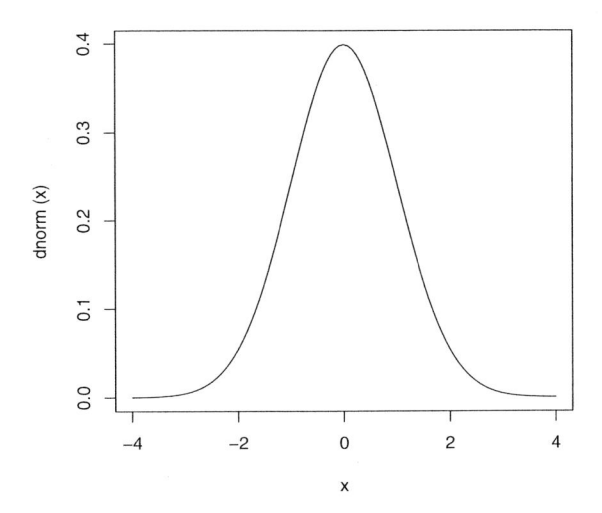

図 **5.2** 標準正規分布の密度関数

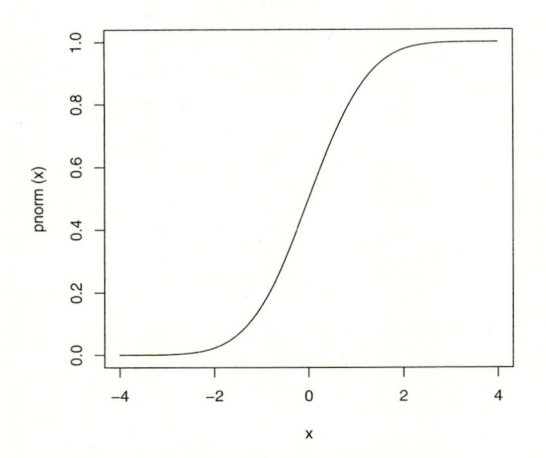

図 5.3 標準正規分布の累積分布関数

同様に，標準正規分布の累積分布関数のグラフは次の式で得られる（図 5.3）。

```
> curve(pnorm, -4, 4)
```

ここで，平均 μ，分散 σ^2 の一般の正規分布 $N(\mu, \sigma^2)$ の密度関数，累積分布関数と，標準正規分布との関係は

$$\Pr(a < X < b) = \int_a^b \frac{1}{\sqrt{2\pi}\sigma} \exp\left[-\frac{(x-\mu)^2}{2\sigma^2}\right] dx$$

$$= \int_{\frac{a-\mu}{\sigma}}^{\frac{b-\mu}{\sigma}} \frac{1}{\sqrt{2\pi}} \exp\left[-\frac{z^2}{2}\right] dz = \Pr\left(\frac{a-\mu}{\sigma} < Z < \frac{b-\mu}{\sigma}\right)$$

(5.10)

で与えられる。

正規分布の下側 α 点は qnorm 関数で求まる（注意：推定・検定問題では「上側 α 点を使うことが多いが，qnorm 関数のデフォルトでは「下側」が求まることに注意しておこう）。

```
> qnorm(0.025)
[1] -1.959964
```

R で，「上側 α 点」を求めるには，`lower.tail = F` オプションをつければよい[6]。

---

[6] S-PLUS では，次のように関数を作っておこう。

```
qnorm.up <- function(alpha)
  qnorm(1-alpha)
```
```
> qnorm.up(0.025)
[1] 1.959964
```

```
> qnorm(0.025, lower.tail = F)
[1] 1.959964
```

5.5 一様分布 (uniform distribution)

ある区間 $[a, b]$ 内の全ての値を同等に取る分布を「**一様分布**」(uniform distribution) という。標準的には区間 $[0, 1]$ 上の一様分布を考えることが多い。確率密度関数は

$$f(x) = \begin{cases} \dfrac{1}{b-a} & (a \leq x \leq b) \\ 0 & (その他) \end{cases} \tag{5.11}$$

であり（図 5.4），累積分布関数はこれを積分し

$$F(x) = \begin{cases} 0 & (x < a) \\ \dfrac{x-a}{b-a} & (a \leq x \leq b) \\ 1 & (b < x) \end{cases} \tag{5.12}$$

となる。(図 5.5)

R のデフォルトでは，区間 $[0, 1]$ 上の一様分布の密度関数，累積分布関数が定義されている。密度関数，累積分布関数が dunif, punif で求められる。

```
> curve(dunif, -0.5, 1.5)
```

```
> curve(punif, -0.5, 1.5)
```

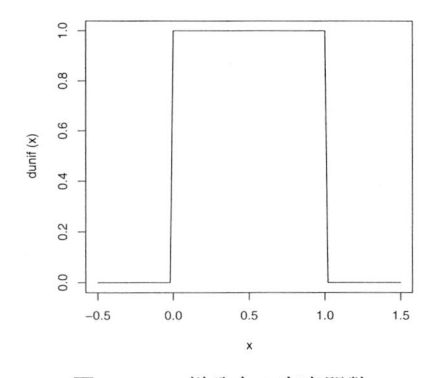

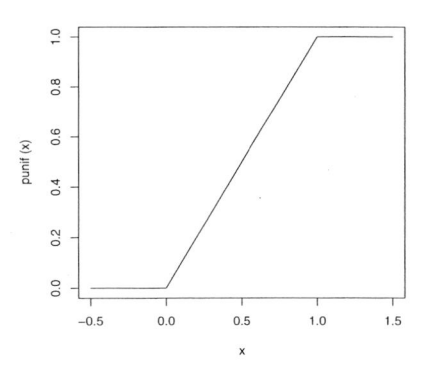

図 5.4　一様分布の密度関数　　図 5.5　一様分布の累積分布関数

5.5.1 円周率のシミュレーション

一様分布に従う乱数（random number，一様乱数）は runif である．R では乱数関連の関数名は分布名の前に r をつけて，「r分布名」となっている．一様乱数はその他の分布の乱数のベースとなるものである．この乱数の精度を円周率で確かめてみよう．乱数を使って理論的な結果を検証したり，理論的には結果を得ることが難しい内容を求めることを「シミュレーション」(simulation) という．

原点 O(0,0)，点 (1,0)，(1,1)，(0,1) を頂点とする一辺の長さ 1 の正方形と，原点を中心とする半径 1 の $\frac{1}{4}$ 円を考える（図 5.6）．言うまでもなく，外側の正方形の面積は 1，内側の $\frac{1}{4}$ 円の面積は $\frac{\pi}{4}$ である．まず，半円を描くために，circ[7]関数を作っておこう．

```
circ <- function(x)
  sqrt(1 - x^2)
```

```
> curve(circ, 0, 1)
> lines(c(1, 0), c(0, 0))
> lines(c(0, 0), c(1, 0))
```

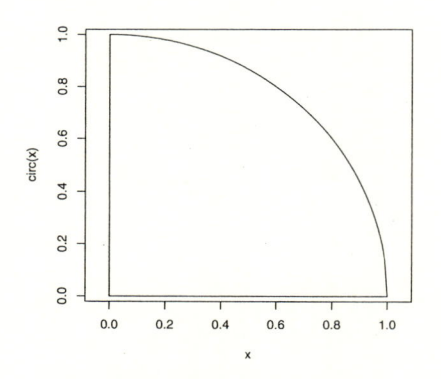

図 5.6 四分の一円

runif(n) で n 個分，区間 [0, 1] からの一様乱数を作る．区間 [0, 1] の一様乱数を 2 個作り，それを x 座標，y 座標とする点 P(x,y) を考えると，その点は正方形の内部にある．さらに，その点が $\frac{1}{4}$ 円の内部にある割合は面積比の $\frac{\pi}{4}$ である．

このような点を n 個発生させると $\frac{1}{4}$ 円の内部にある割合は $\frac{\pi}{4}$ であることが期待される．もちろん乱数であるので丁度 $\frac{\pi}{4}$ となるのではなく，この前後の近い値が出てくる．さらにデータ数 n を大きくするほど，$\frac{\pi}{4}$ に近い値が求まる．

---

[7] なお R では curve(sqrt(1 - x^2), 0, 1) でも表示される．

5.5. 一様分布 (uniform distribution)

このため $\frac{1}{4}$ 円の内側にあるデータ数 m の割合 $\frac{m}{n}$ を 4 倍した $4 \times \frac{m}{n}$ 値が円周率 π の近似値として求まることになる。シミュレーションをする関数 sim.pi[8]を作成しよう。

```
sim.pi <- function(n){
  incount <- 0
  curve(circ, 0, 1, ylab = "y")
  lines(c(1, 0), c(0, 0))
  lines(c(0, 0), c(1, 0))
  cat("¥nType <Return> to start simulation : ")
  readline()
  x <- runif(n)
  y <- runif(n)
  for(i in 1:n){
    if(x[i]^2 + y[i]^2 <= 1)
      points(x[i], y[i], pch = 21, col = 2)
    else
      points(x[i], y[i], pch = 21, col = 3)
  }
  incount <- length(which(x^2 + y^2 <= 1))
  cat(incount, "of", n, "in the circle.¥n")
  result <- incount / n * 4
  cat("pi = ", result, "¥n")
}
```

```
> sim.pi(1000)

Type <Return> to start simulation :
783 of 1000 in the circle.
pi =  3.132
```

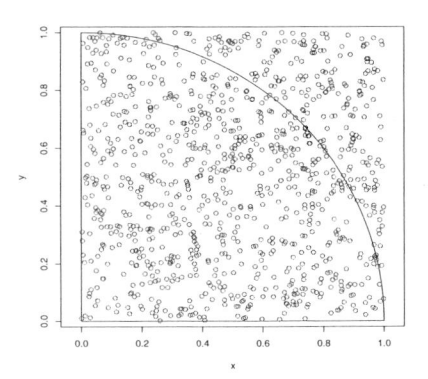

図 5.7 一様乱数による円周率のシミュレーション

---
[8] S-PLUS では, curve のところを curve(circ, 0, 1) とすること.

図 5.7 の例では 1000 個の乱数点の内，四分の一円の内部に落ちた点が 783 個で，円周率の推定値として $4 \times \frac{783}{1000} = 3.132$ が得られている。

5.6 標本分布

母集団が正規分布に従うとき，そこから独立にとられた n 個の標本 $X_1, X_2, \cdots, X_n$ から導出される分布について調べてみよう。ここでは次の表 5.2 の間の関係を導く。

表 5.2 正規分布の標本分布

分布名	R での名前
正規分布	norm
t 分布	t
χ^2 分布	chisq
F 分布	f

5.7 χ^2 分布

5.7.1 χ^2 分布の導出

確率変数 Z が標準正規分布 $N(0, 1^2)$ に従っているとき，

$$Y = Z^2 \tag{5.13}$$

の分布は自由度 1 の χ^2 分布に従う。

証明 Y の累積分布関数 $F(y)$ は

$$\begin{aligned} F(y) &= \Pr(Y < y) \\ &= \Pr(Z^2 < y) \\ &= \Pr(-\sqrt{y} < Z < \sqrt{y}) \\ &= \int_{-\sqrt{y}}^{\sqrt{y}} \phi(z) dz \end{aligned} \tag{5.14}$$

となる。この両辺を y で微分する。左辺は Y の CDF なので，微分すると Y の密度関数 $f(y)$ が出てくる。

$$f(y) = \phi(\sqrt{y})\frac{d}{dy}\sqrt{y} - \phi(-\sqrt{y})\frac{d}{dy}(-\sqrt{y}) \tag{5.15}$$

$$= \phi(\sqrt{y})\frac{1}{2\sqrt{y}} + \phi(-\sqrt{y})\frac{1}{2\sqrt{y}}$$

$$= \frac{1}{\sqrt{2\pi}}e^{-\frac{y}{2}}\frac{1}{2\sqrt{y}} + \frac{1}{\sqrt{2\pi}}e^{-\frac{y}{2}}\frac{1}{2\sqrt{y}}$$

$$= 2\frac{1}{\sqrt{2\pi}}e^{-\frac{y}{2}}\frac{1}{2\sqrt{y}}$$

$$= \frac{1}{\sqrt{2}\sqrt{\pi}}\frac{1}{\sqrt{y}}e^{-\frac{y}{2}}$$

$$= \frac{1}{2^{1/2}\Gamma(\frac{1}{2})}y^{\frac{1}{2}-1}e^{-\frac{y}{2}} \tag{5.16}$$

これは「**自由度 1 の χ^2 分布**」と呼ばれる。一般に「**自由度 m の χ^2 分布**」の密度関数は次の式で与えられる。

$$f_m(y) = \frac{1}{2^{m/2}\Gamma(\frac{m}{2})}y^{\frac{m}{2}-1}e^{-\frac{y}{2}} \tag{5.17}$$

ここに $\Gamma(x)$ は Γ 関数と呼ばれ，次の式で定義されるものである。

$$\Gamma(x) = \int_0^\infty t^{x-1}e^{-t}dt \tag{5.18}$$

5.7.2 χ^2 分布の再生性

χ^2 分布には正規分布と同様に再生性がある。すなわち，
X が自由度 m の χ^2 分布に従い，Y が自由度 n の χ^2 分布に従って，互いに独立であれば

$$Z = X + Y \tag{5.19}$$

の分布は，自由度 $(m+n)$ の χ^2 分布に従う。

証明 Z の累積分布関数を $G(z)$，X と Y の同時密度関数を $f(x,y)$ とする。X と Y とが互いに独立より

$$f(x,y) = f_m(x)f_n(y)$$

である。よって

$$G(z) = \Pr(Z < z) = \Pr(X+Y < z) = \iint_{\{x+y<z\}} f(x,y)dxdy$$

$$= \int_0^z \left\{\int_0^{z-y} f_m(x)f_n(y)dx\right\}dy \tag{5.20}$$

両辺を z で微分することにより

$$g(z) = \int_0^z f_m(z-y)f_n(y)dy \tag{5.21}$$

$$= \int_0^z \frac{1}{2^{m/2}\Gamma(\frac{m}{2})}(z-y)^{\frac{m}{2}-1}e^{-\frac{(z-y)}{2}}\frac{1}{2^{n/2}\Gamma(\frac{n}{2})}y^{\frac{n}{2}-1}e^{-\frac{y}{2}}dy$$

$$= \int_0^z \frac{1}{2^{(m+n)/2}\Gamma(\frac{m}{2})\Gamma(\frac{n}{2})}(z-y)^{\frac{m}{2}-1}y^{\frac{n}{2}-1}e^{-\frac{z}{2}}dy \tag{5.22}$$

ここで
$$y = zt$$
と置換すると

$$g(z) = \int_0^z \frac{1}{2^{(m+n)/2}\Gamma(\frac{m}{2})\Gamma(\frac{n}{2})}(z-zt)^{\frac{m}{2}-1}(zt)^{\frac{n}{2}-1}e^{-\frac{z}{2}}zdt \tag{5.23}$$

$$= \frac{1}{2^{(m+n)/2}\Gamma(\frac{m}{2})\Gamma(\frac{n}{2})}z^{\frac{m+n}{2}-1}e^{-\frac{z}{2}}\int_0^1 (1-t)^{\frac{m}{2}-1}t^{\frac{n}{2}-1}dt \tag{5.24}$$

となる。最後の積分の項はベータ関数 $B(\frac{m}{2}, \frac{n}{2})$ であり、ベータ関数とガンマ関数との関係

$$B(s,t) = \frac{\Gamma(s)\Gamma(t)}{\Gamma(s+t)} \tag{5.25}$$

を用いると

$$g(z) = \frac{1}{2^{(m+n)/2}\Gamma(\frac{m}{2})\Gamma(\frac{n}{2})}z^{\frac{m+n}{2}-1}e^{-\frac{z}{2}}\frac{\Gamma(\frac{m}{2})\Gamma(\frac{n}{2})}{\Gamma(\frac{m+n}{2})}$$

$$= \frac{1}{2^{(m+n)/2}\Gamma(\frac{m+n}{2})}z^{\frac{m+n}{2}-1}e^{-\frac{z}{2}} = f_{m+n}(z)$$

となり、Z の分布は自由度 $(m+n)$ の χ^2 分布となることが示された。□

5.7.3 χ^2 分布の名前

χ^2 分布の名前は次の命題による。

確率変数 $X_1, X_2, \cdots, X_n$ が互いに独立で、X_i が正規分布 $N(0, 1^2)$ に従うとき、

$$Z = X_1^2 + X_2^2 + \cdots + X_n^2 \tag{5.26}$$

は自由度 n の χ^2 分布に従う。

5.7.4 密度関数のグラフ

χ^2 分布の密度関数のグラフを描かせてみよう。

5.7. χ^2 分布

```
> curve(dchisq, 0, 10)
以下にエラーdchisq(x) : 引数 "df" がありませんし, 省略時既定値もありません
```

すると, エラーとなり表示できない。そこで, 関数のヘルプを見てみることにしよう[9]。

```
> help(dchisq)
(略)
Usage:

    dchisq(x, df, ncp=0, log = FALSE)
    pchisq(q, df, ncp=0, lower.tail = TRUE, log.p = FALSE)
    qchisq(p, df, ncp=0, lower.tail = TRUE, log.p = FALSE)
    rchisq(n, df, ncp=0)
(以下略)
> help(curve)
Usage
curve(expr, from, to, n = 101, add = FALSE, type = "l",
      ylab = NULL, log = NULL, xlim = NULL, ...)

## S3 method for class 'function':
plot(x, from = 0, to = 1, xlim = NULL, ...)

(以下略)
```

これは χ^2 分布の密度関数が自由度を与えなければ決まらないのに, グラフを描画する curve 関数にはそのパラメータを与える手段がないことによる。このため, 自由度を一つ決めて, x だけの 1 変数関数を定めて, そのグラフを描かせればよい。

```
chisqdens10 <- function(x)
  dchisq(x, 10)
```

```
> curve(chisqdens10, 0, 35)
```

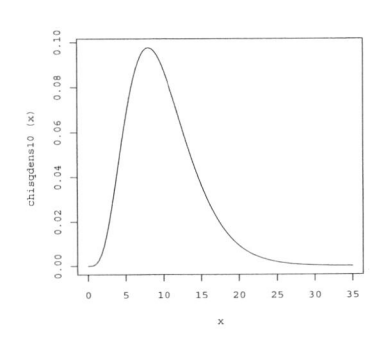

図 **5.8** 自由度 10 の χ^2 分布密度関数

---

[9] S-PLUS では, 本書中で curve 関数を作成したため, ヘルプは表示されないことに注意。

χ^2 分布の密度関数は自由度 1, 2, 3 以上で，そのグラフが大きく変化する．自由度が 3 以上では山が右方向にずれていくだけであるが，自由度 1，および 2 の場合は単調減少で山がない．図 5.9 に自由度 1, 2, 3, 5 の χ^2 分布の密度関数のグラフを載せておく．なお，add オプションは現在あるグラフに書き足すというオプションで，col オプションは色 (color) の指定である[10]．

```
chisqdens1 <- function(x)
  dchisq(x, 1)

chisqdens2 <- function(x)
  dchisq(x, 2)

chisqdens3 <- function(x)
  dchisq(x, 3)

chisqdens5 <- function(x)
  dchisq(x, 5)
```

```
> curve(chisqdens1, 0, 10, col = 1)              #1は黒
> curve(chisqdens2, 0, 10, col = 2, add = TRUE)  #2は赤
> curve(chisqdens3, 0, 10, col = 3, add = TRUE)  #3は緑
> curve(chisqdens5, 0, 10, col = 4, add = TRUE)  #4は青
```

---

[10] R では curve.chisq 関数を新たに定義し自由度を与えるようにしても良い．S-PLUS では，col オプションで指定した色が異なることに注意．例えば，4 は緑に対応する．また，S-PLUS では，関数の一行目に dfc <<- dfc を入れておくこと．

```
curve.chisq <- function(dfc, from, to, col = 1, add = F){
  dcfun <- function(x)
    dchisq(x, dfc)
  curve(dcfun, from, to, col = col, add = add)
}
> curve.chisq(1, 0, 10)
> curve.chisq(2, 0, 10, col = 2, add = T)
> curve.chisq(3, 0, 10, col = 3, add = T)
> curve.chisq(5, 0, 10, col = 5, add = T)
```

5.7. χ^2 分布

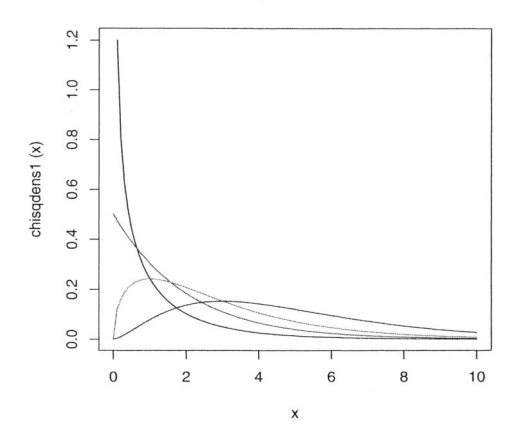

図 5.9　自由度 1, 2, 3, 5 の χ^2 分布密度関数

5.7.5　乱数とシミュレーション

標準正規分布を 2 乗すると，自由度 1 の χ^2 分布になることを乱数データで確かめてみよう．まず，標準正規分布に従う乱数を 1000 個作り，これを nrdata としよう．R では乱数関連の関数名は分布名に「r」を付けたものになっている．

```
> nrdata <- rnorm(1000)
```

5 数要約，標準偏差を求めてみると，平均，標準偏差は各々 0, 1 に近い値が求まっているし，図 5.10 のヒストグラムも正規分布の密度関数に似たグラフが得られている．

```
> summary(nrdata)
    Min.  1st Qu.   Median     Mean  3rd Qu.     Max.
-3.501000 -0.664100 -0.005776  0.019230 0.725000 3.840000
> sd(nrdata)
[1] 0.9988647
> hist(nrdata)
```

さて，このデータの各値を 2 乗したデータを nr2data としよう．

```
> nr2data <- nrdata^2
```

この式で各要素ごとに 2 乗した値が求まる．確認のために元のデータと新しいデータの先頭 3 個の値を表示しておこう．60 ページの式 (5.13) によれば，nr2data は自由度 1 の χ^2 分布に従うはずである．

```
> nrdata[1:3]
[1] -0.1207853 -0.8864973  0.4252975
> nr2data[1:3]
[1] 0.01458908 0.78587739 0.18087795
```

Histogram of nrdata

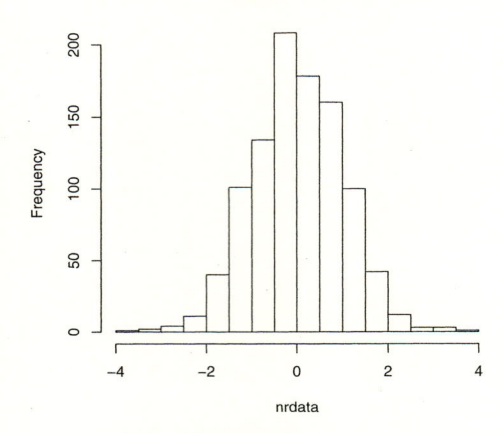

図 5.10 正規乱数のヒストグラム

nr2data の平均, 標準偏差, ヒストグラム[11], また自由度 1 の χ^2 分布の密度関数のグラフを出力してみよう。

```
> mean(nr2data)
[1] 0.9971029
> sd(nr2data)
[1] 1.472079
> hist(nr2data, freq = F)
> curve(chisqdens1, 0, 9, col = 2, add = T)
```

平均, 標準偏差は自由度 1 の χ^2 分布の期待値 1 (=自由度), 分散 $(\sqrt{2}^2)$ (=2 自由度) に近い値となっており, 図 5.11 のヒストグラムも自由度 1 の χ^2 分布の密度関数のグラフと良く似たカーブを描いていることがわかる。

---

[11] S-PLUS では, コマンドのヒストグラム部分は, hist(nr2data, probability = T) とすること。

Histogram of nr2data

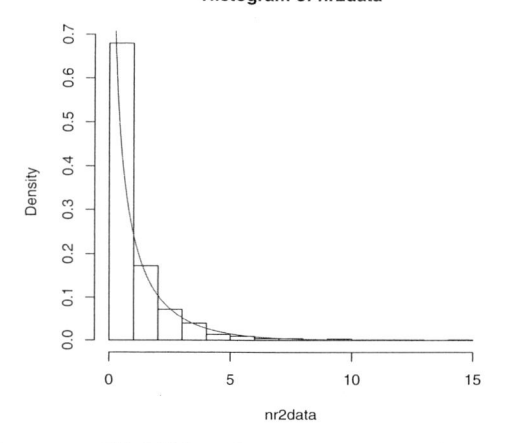

図 5.11　正規乱数を 2 乗したデータのヒストグラム

5.8　t 分布

自由度 m の t 分布の密度関数は

$$f_m(x) = \frac{\Gamma(\frac{m+1}{2})}{\sqrt{m\pi}\Gamma(\frac{m}{2})} \left(1 + \frac{x^2}{m}\right)^{-\frac{m+1}{2}} \tag{5.27}$$

で与えられる。t 分布の密度関数は標準正規分布と似た形をしている。実際，自由度を無限大に近づけたときの極限は標準正規分布の密度関数に収束する。このグラフを curve 関数で表示させようとしても，χ^2 分布の場合と同様に自由度を定めないとエラーとなり表示できない。

```
> curve(dt, -4, 4)
 以下にエラーdt(x) : 引数 "df" がありませんし、省略時既定値もありません
```

ここでは，自由度を 10 としてグラフを描いてみよう（図 5.12）。χ^2 分布のときと同様に次のように関数を定義する。

```
tdens10 <- function(x)
  dt(x, 10)
```

```
> tdens10(1)
[1] 0.230362
> curve(tdens10, -4, 4)
```

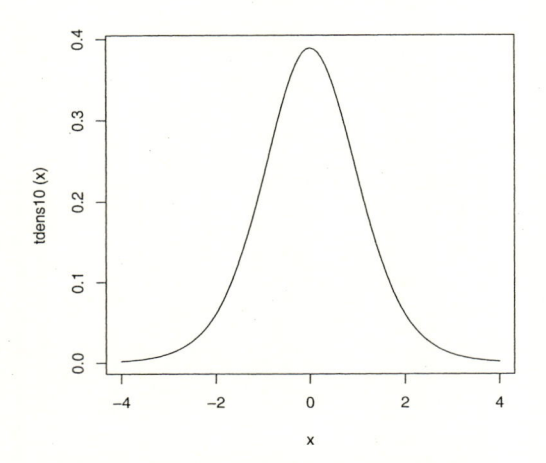

図 5.12　自由度 10 の t 分布の密度関数

t 分布の密度関数は，標準正規分布の密度関数と非常によく似た形をしている。これを比べるために，自由度 2, 10 の t 分布の密度関数と，標準正規分布の密度関数を重ね書きしてみたのが図 5.13 である。

```
tdens2 <- function(x)
  dt(x, 2)
```

```
> curve(tdens10, -4, 4)
> curve(tdens2, -4, 4, col = 2, add = TRUE)
> curve(dnorm, -4, 4, col = 3, add = TRUE)
```

山が一番低いのが自由度 2 の t 分布（赤）[12]，中間が自由度 10 の t 分布（黒），一番山が高いのが標準正規分布（緑）[13]の密度関数である。数学的には t 分布の自由度 m を無限大にした極限をとると標準正規分布が得られる[14]。

---

[12] S-PLUS では，青。
[13] S-PLUS では，茶。
[14] R では curve.t 関数を新たに定義し自由度を与えるようにしても良い。S-PLUS では，関数の一行目に dft <<- dft を入れておくこと。

```
    curve.t <- function(dft, from, to, col = 1, add = F){
      dtfun <- function(x)
        dt(x, dft)
      curve(dtfun, from, to, col = col, add = add)
    }
> curve.t(10, -4, 4, col = 2)
> curve.t(2, -4, 4, add = TRUE)
> curve(dnorm, -4, 4, col = 3, add = TRUE)
```

5.8. t 分布

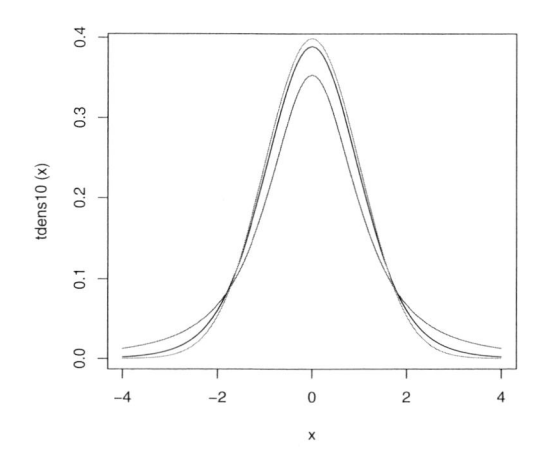

図 5.13 自由度 2, 10 の t 分布と標準正規分布

t 分布の下側 5%点（0.05 点）を求めるためには

```
> qt(0.05, 5)
[1] -2.015048
```

とすればよいし，自由度，または確率を複数与えて数表を作ることもできる。

```
> qt(0.05, c(1,  2, 3, 4, 5, 10, 20, 50, 100))
[1] -6.313752 -2.919986 -2.353363 -2.131847 -2.015048 -1.812461 -1.724718
[8] -1.675905 -1.660234
> qt(c(0.05, 0.95), 5)
[1] -2.015048  2.015048
> pt(2.015048, 5)
[1] 0.95
```

5.8.1　t 分布の導出

X が標準正規分布，Y が自由度 m の χ^2 分布に従い，独立であれば，

$$Z = \frac{X}{\sqrt{Y/m}} \tag{5.28}$$

は自由度 m の t 分布に従う。

証明

$$G(z) = \Pr(Z < z) = \iint_{Z<z} f(x,y)dxdy = \iint_{X<\sqrt{\frac{Y}{m}}z} f(x,y)dxdy$$

$$= \int_0^\infty dy \int_{-\infty}^{\sqrt{\frac{y}{m}}z} f(x,y)dx = \int_0^\infty dy \int_{-\infty}^{\sqrt{\frac{y}{m}}z} \phi(x)f(y)dx$$

$$= \int_0^\infty dy \int_{-\infty}^{\sqrt{\frac{y}{m}}z} \frac{1}{\sqrt{2\pi}} \exp\left[-\frac{x^2}{2}\right] \frac{1}{2^{m/2}\Gamma(m/2)} y^{m/2-1} \exp\left[-\frac{y}{2}\right] dx$$

$$= \int_0^\infty dy \int_{-\infty}^{\sqrt{\frac{y}{m}}z} \frac{1}{\sqrt{\pi}\Gamma(m/2)} \frac{1}{2^{(m+1)/2}} y^{m/2-1} \exp\left[-\frac{x^2}{2} - \frac{y}{2}\right] dx \quad (5.29)$$

この両辺を z で微分し，Z の密度関数を求める。

$$g(z) = \frac{d}{dz}G(z) = \int_0^\infty f\left(\sqrt{\frac{y}{m}}z, y\right) \sqrt{\frac{y}{m}} dy$$

$$= \int_0^\infty \frac{1}{\sqrt{\pi}\Gamma(m/2)} \frac{1}{2^{(m+1)/2}} y^{m/2-1} \exp\left[-\frac{(\sqrt{\frac{y}{m}}z)^2}{2} - \frac{y}{2}\right] \sqrt{\frac{y}{m}} dy$$

$$= \frac{1}{\sqrt{\pi}\Gamma(m/2)} \frac{1}{\sqrt{m}} \int_0^\infty \frac{1}{2^{(m+1)/2}} y^{(m-1)/2} \exp\left[-\frac{(1+\frac{z^2}{m})y}{2}\right] dy \quad (5.30)$$

ここで，

$$u = \frac{(1+\frac{z^2}{m})y}{2} \quad (5.31)$$

と置換すると

$$du = \frac{(1+\frac{z^2}{m})}{2} dy \quad (5.32)$$

より

$$g(z) = \frac{1}{\sqrt{\pi}\Gamma(m/2)} \frac{1}{\sqrt{m}} \int_0^\infty \frac{1}{2^{(m+1)/2}} \left(u \bigg/ \frac{(1+\frac{z^2}{m})}{2}\right)^{(m-1)/2} \exp[-u] \bigg/ \frac{(1+\frac{z^2}{m})}{2} du$$

$$= \frac{1}{\sqrt{m\pi}\Gamma(m/2)} \left(1+\frac{z^2}{m}\right)^{-(m+1)/2} \int_0^\infty u^{(m+1)/2-1} \exp[-u] du$$

$$= \frac{\Gamma\left(\frac{m+1}{2}\right)}{\sqrt{m\pi}\Gamma(m/2)} \left(1+\frac{z^2}{m}\right)^{-(m+1)/2}$$

となり，自由度 m の t 分布の密度関数が求まる。

5.8.2 シミュレーション 1

前節と同様に 1000 個の正規乱数 nrdata と，独立に 1000 個の自由度 10 の χ^2 分布に従う乱数 chi2data（図 5.14）を作ろう。

```
> nrdata <- rnorm(1000)
> chi2data <- rchisq(1000, 10)
> mean(chi2data)
[1] 9.864658
> sd(chi2data)
[1] 4.285665
> hist(chi2data)
```

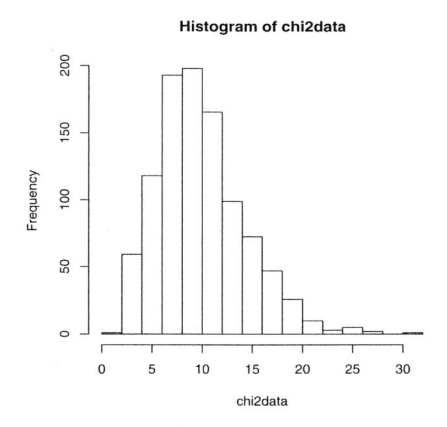

図 5.14　χ^2 乱数のヒストグラム

この乱数を用いて，69 ページの式 (5.28) が t 分布に従う（図 5.15）ことを確かめよう[15]。

```
> tdata <- nrdata / (sqrt(chi2data / 10))
> mean(tdata)
[1] -0.008474465
> sd(tdata)
[1] 1.092382
> hist(tdata, freq = F)
> curve(tdens10, -4, 4, col = 2, add = T)
```

---

[15] S-PLUS では，ヒストグラムの部分は hist(tdata, probability = T) とすること。

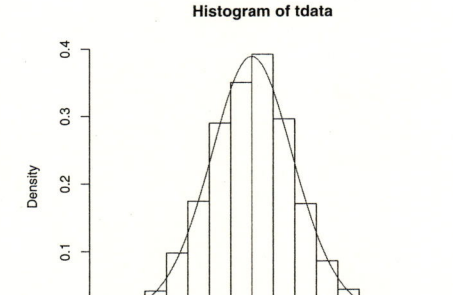

Histogram of tdata

図 5.15　tdata のヒストグラム

5.8.3　シミュレーション 2

t 分布が使われるのは一般の正規分布の「**標本分布**」の場合である．すなわち，$X_1, X_2, \cdots, X_n$ が互いに独立で，平均 μ，分散 σ^2 の同一の正規分布 $N(\mu, \sigma^2)$ に従っているとき，言い直せば，$N(\mu, \sigma^2)$ から無作為に抽出された標本のとき，標本平均 $\bar{X} = \frac{1}{n}\sum_{i=1}^{n} X_i$ は平均 μ，分散 $\frac{\sigma^2}{n}$ の正規分布 $N(\mu, \frac{\sigma^2}{n})$ に従うので，期待値を引き，標準偏差で割った，

$$Z = \frac{\bar{X} - \mu}{\sqrt{\sigma^2/n}} \tag{5.33}$$

は標準正規分布 $N(0, 1^2)$ となる．さらに，$\frac{nS^2}{\sigma^2} = \sum_{i=1}^{n}(\frac{X_i - \bar{X}}{\sigma})^2$ は $\bar{X}$ とは独立に自由度 $(n-1)$ の χ^2 分布に従う．それゆえ，69 ページの式 (5.28) より，

$$t = \frac{(\bar{X} - \mu)/\sqrt{\sigma^2/n}}{\sqrt{\sum_{i=1}^{n}(\frac{X_i - \bar{X}}{\sigma})^2/(n-1)}} = \frac{\bar{X} - \mu}{\sqrt{\frac{1}{n-1}\sum_{i=1}^{n}(X_i - \bar{X})^2/n}}$$

$$= \frac{\bar{X} - \mu}{\sqrt{U^2/n}} = \frac{\bar{X} - \mu}{U/\sqrt{n}} \tag{5.34}$$

は自由度 $(n-1)$ の t 分布に従う．ここに，U^2 は（標本）不偏分散

$$U^2 = \frac{1}{n-1}\sum_{i=1}^{n}(X_i - \bar{X})^2 \tag{5.35}$$

であるが，R の sd 関数で求まるものは不偏分散の平方根をとったものであったことを思い出しておこう．

さて，この命題をシミュレーションで確かめるためには次の手順を踏むことになる．

5.8. t 分布

- 正規乱数を 10 個発生させる。$x_1, x_2, \cdots, x_{10}$ とする。
- このデータから平均 $\bar{x}$ と（不偏分散から求めた）標準偏差を計算する。

$$u = \sqrt{\frac{1}{n-1} \sum_{i=1}^{n} (x_i - \bar{x})^2}$$

- t の値を計算する。ここで母平均 $\mu = 0$ である。

$$t = \frac{\bar{x} - \mu}{u/\sqrt{n}} = \frac{\bar{x} - 0}{u/\sqrt{n}}$$

- これを 1000 回繰り返して，1000 個の t の値を得る。

まず，t の値を計算する関数を作っておこう。

```
tcalc <-function(x){
  barx <- mean(x)
  sdx <- sd(x)
  tval <- barx / (sdx / sqrt(length(x)))
  tval
}
```

このシミュレーションを行うプログラムは次の通りである。

```
> ran <- sapply(rep(10, 1000), rnorm)
> sample.t <- apply(ran, 2, tcalc)
```

ここで，使われている sapply は，第 1 引数に与えられたベクトルのそれぞれの要素に対して，第 2 引数で与えた関数を適用する。また，apply は，第 1 引数で与えられた行列に対して，第 3 引数で与えた関数を第 2 引数（1 ならば行，2 ならば列）に対して適用する。

72 ページの式 (5.34) に従って計算した t の値を tval に求めたので，これが自由度 $9(= 10 - 1)$ の t 分布になっているか調べてみよう[16]。

```
tdens9 <- function(x)
  dt(x, 9)
```

```
> mean(sample.t)
[1] -0.0007508866
> sd(sample.t)
[1] 1.138725
> hist(sample.t, nclass = 20, freq = F)
> curve(tdens9, -4, 4, col = 2, add = T)
```

sample.t の平均はほぼ 0 であり，ヒストグラム（図 5.16）に曲線を上書きしてみるとほぼ一致していることがわかる。

---
[16] S-PLUS では，hist(sample.t, nclass = 20, probability = T) に置き換えること。

Histogram of sample.t

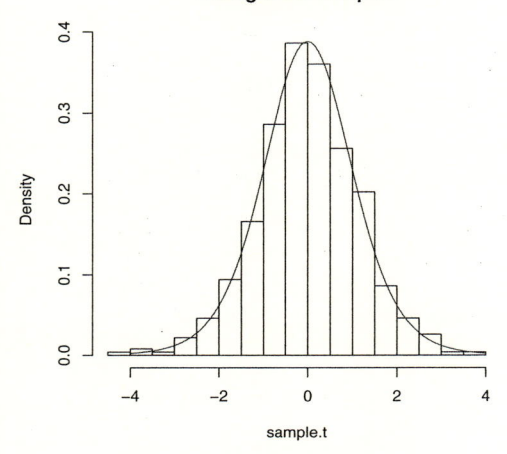

図 5.16　t の値の分布

5.9　F 分布

自由度 (m, n) の F 分布の密度関数は

$$f_n^m(x) = \frac{\Gamma(\frac{m+n}{2})}{\Gamma(\frac{m}{2})\Gamma(\frac{n}{2})}(\frac{m}{n})^{m/2} x^{m/2-1}(1+\frac{m}{n}x)^{-(m+n)/2} \quad (x > 0) \quad (5.36)$$

で与えられる。F 分布には 2 つの自由度があり，その組み合わせにより密度関数の形が変化する。

図 5.17 には自由度 $(1, 10), (2, 10), (3, 10), (8, 10), (8, 20)$ の 5 つの場合を描いている[17]。

---

[17] R では curve.f 関数を新たに定義し自由度を与えるようにしても良い。S-PLUS では，関数の 1, 2 行目に dff1 <<- dff1, dff2 <<- dff2 を入れておくこと。

```
    curve.f <- function(dff1, dff2, from, to, col = 1, add = F){
      dfun <- function(x)
        df(x, dff1, dff2)
      curve(dfun, from, to, col = col, add = add)
    }
    > curve.f(1, 10, 0, 5)
    > curve.f(2, 10, 0, 5, col = 2, add = TRUE)
    > curve.f(3, 10, 0, 5, col = 3, add = TRUE)
    > curve.f(8, 10, 0, 5, col = 4, add = TRUE)
    > curve.f(8, 20, 0, 5, col = 5, add = TRUE)
```

5.9. F 分布

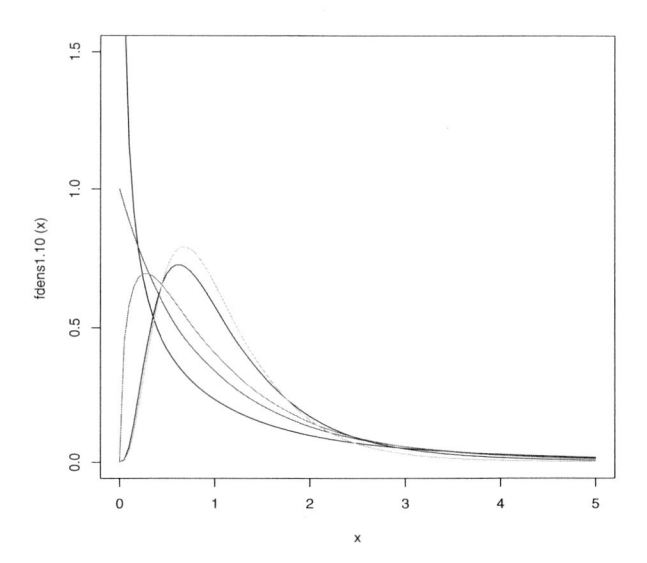

図 5.17 各種自由度の F 分布の密度関数

```
fdens1.10 <- function(x)
  df(x, 1, 10)
fdens2.10 <- function(x)
  df(x, 2, 10)
fdens3.10 <- function(x)
  df(x, 3, 10)
fdens8.10 <- function(x)
  df(x, 8, 10)
fdens8.20 <- function(x)
  df(x, 8, 20)
```

```
> curve(fdens1.10, 0.1, 5, ylim = c(0, 1.5))
> curve(fdens2.10, 0.00000001, 5, col = 2, add = TRUE)
> curve(fdens3.10, 0, 5, col = 3, add = TRUE)
> curve(fdens8.10, 0, 5, col = 4, add = TRUE)
> curve(fdens8.20, 0, 5, col = 5, add = TRUE)
```

上側自由度が 1 の場合[18]には ∞ から始まり, 上側自由度が 2 の場合には 1 から始まる. 上側自由度が 3 以上の場合には 0 から立ち上がることが確認できる. 以後, 自由度が増えると山が右の方にずれていく傾向がある. なお, F 分布の累積分布関数の

---

[18] S-PLUS の場合は, `curve(fdens1.10, 0.1, 5, ylim = c(0, 1.5))`
を `curve(fdens1.10, 0.1, 5)` と置き換えて表示すること.

間には

$$\int_{-\infty}^{x} f_n^m(t)dt = \int_{1/x}^{\infty} f_m^n(t)dt \tag{5.37}$$

の関係があり，上側確率（下側確率）を求めたい場合は自由度を入れ替えた数表を用いて，その逆数，すなわち，

$$\Pr(F_n^m < f) = \Pr\left(F_m^n > \frac{1}{f}\right) \tag{5.38}$$

を使えばよい．

```
> qf(0.05, 10, 5)
[1] 0.3006764
> 1 / qf(0.95, 5, 10)
[1] 0.3006764
> pf(0.3006764, 10, 5)
[1] 0.04999999
> pf(1 / 0.3006764, 5, 10)
[1] 0.95
```

5.9.1　F 分布の導出

X が自由度 m の χ^2 分布に従い，Y が自由度 n の χ^2 分布に従い，独立であれば，

$$Z = \frac{X/m}{Y/n} \tag{5.39}$$

は自由度 (m, n) の F 分布に従う．

証明

$$\begin{aligned}
G(z) = \Pr(Z < z) &= \Pr\left(\frac{X/m}{Y/n} < z\right) \\
&= \iint_{D=\{(x,y)|\frac{x/m}{y/n}<z, 0\leq x,y\}} f_X(x)f_Y(y)dxdy \\
&= \iint_{D=\{(x,y)|x<\frac{m}{n}yz, 0\leq x,y\}} f_X(x)f_Y(y)dxdy \\
&= \int_0^\infty dy \int_0^{\frac{m}{n}yz} f_X(x)f_Y(y)dx \tag{5.40}
\end{aligned}$$

5.9. F 分布

よって，両辺を z で微分して

$$g(z) = \frac{d}{dz}G(z) = \int_0^\infty f_X\left(\frac{m}{n}yz\right)\frac{m}{n}y f_Y(y) dy$$

$$= \int_0^\infty \frac{1}{\Gamma(\frac{m}{2})2^{m/2}} e^{-\frac{1}{2}\frac{m}{n}yz}\left(\frac{m}{n}yz\right)^{m/2-1}\frac{m}{n}y \frac{1}{\Gamma(\frac{n}{2})2^{n/2}} e^{-y/2} y^{n/2-1} dy$$

$$= \frac{(\frac{m}{n})^{m/2} z^{m/2-1}}{\Gamma(\frac{m}{2})\Gamma(\frac{n}{2})2^{(m+n)/2}} \int_0^\infty e^{-\frac{y}{2}(1+\frac{m}{n}z)} y^{(m+n)/2-1} dy \tag{5.41}$$

$$\tag{5.42}$$

ここで，

$$v = \frac{y}{2}\left(1 + \frac{m}{n}z\right) \tag{5.43}$$

と置換すると，

$$y = \frac{2v}{1+\frac{m}{n}z} \quad \text{より} \quad dy = \frac{2}{1+\frac{m}{n}z} dv \tag{5.44}$$

$$g(z) = \frac{(\frac{m}{n})^{m/2} z^{m/2-1}}{\Gamma(\frac{m}{2})\Gamma(\frac{n}{2})2^{(m+n)/2}} \int_0^\infty e^{-v} \frac{2^{(m+n)/2-1} v^{(m+n)/2-1}}{(1+\frac{m}{n}z)^{(m+n)/2-1}} \frac{2}{1+\frac{m}{n}z} dv$$

$$= \frac{(\frac{m}{n})^{m/2} z^{m/2-1}}{\Gamma(\frac{m}{2})\Gamma(\frac{n}{2})} \left(1+\frac{m}{n}z\right)^{-(m+n)/2} \int_0^\infty e^{-v} v^{(m+n)/2-1} dv$$

$$= \frac{(\frac{m}{n})^{m/2} z^{m/2-1}}{\Gamma(\frac{m}{2})\Gamma(\frac{n}{2})} \left(1+\frac{m}{n}z\right)^{-(m+n)/2} \Gamma\left(\frac{m+n}{2}\right)$$

$$= \frac{\Gamma(\frac{m+n}{2})}{\Gamma(\frac{m}{2})\Gamma(\frac{n}{2})} \left(1+\frac{m}{n}z\right)^{-(m+n)/2} \left(\frac{m}{n}\right)^{m/2} z^{m/2-1} \tag{5.45}$$

となり，自由度 (m,n) の F 分布の密度関数が求まる。

5.9.2 シミュレーション

自由度 8 の χ^2 分布に従う乱数 x を 1000 個，自由度 10 の χ^2 分布に従う乱数 y を互いに独立に 1000 個作り，自由度で割った比 F を作ってみよう。

自由度 8 の χ^2 分布に従う乱数と自由度 10 の χ^2 分布に従う乱数より，各々自由度で割った比の値が 1000 個できる。このヒストグラムは理論的には自由度 (8,10) の F 分布に従うことになるが，標準のヒストグラムでは自由度 (8,10) の F 分布の密度関数が 0 から立ち上がるところがわかりにくい。このため「nclass」を指定して，ヒストグラム（度数分布表）の階級数を増やし，0 からの立ち上がりをわかり易くしている。さらに，ヒストグラムの上に自由度 (8,10) の密度関数の曲線を重ね書きしている

(図 5.18)[19]。

```
> c8rand <- rchisq(1000, 8)
> c10rand <- rchisq(1000, 10)
> fprop <- (c8rand / 8) / (c10rand / 10)
> hist(fprop)
> hist(fprop)$count
 [1] 508 347  99  28   5   5   2   1   2   1   2
> hist(fprop, nclass = 20, freq = F)
> hist(fprop, nclass = 20, freq = F)$count
 [1] 160 348 235 112  65  34  19   9   3   2   3   2   2   0   1   0   2   0   1
[20]   0   0   2
> curve(fdens8.10, 0, 5, col = 2, add = TRUE)
```

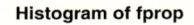

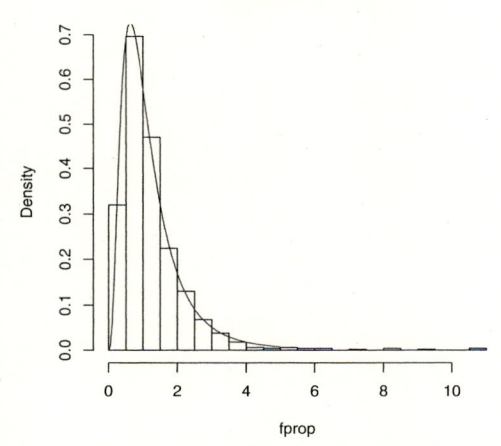

Histogram of fprop

図 **5.18** 自由度 8, 10 の χ^2 分布の比から作った F 値の分布

---

[19] なお,S-PLUS では,

```
> c8rand <- rchisq(1000, 8)
> c10rand <- rchisq(1000, 10)
> hist(fprop)
> hist(fprop, plot = F)$count
> hist(fprop, nclass = 20, probability = T)
> hist(fprop, nclass = 20, probability = F, plot = F)$count
> curve(fdens8.10, 0, 5, col = 2, add = TRUE)
```

に置き換えること

5.10 多変量正規分布と2変量正規分布

1変量の正規分布を多変量に拡張したものが「多変量正規分布」(multivariate normal distribution) とよばれ，p変数の場合，$\mathbf{X} = (X_1, X_2, \cdots, X_p)^T$ の同時密度関数は

$$f(\mathbf{x}; \boldsymbol{\mu}, \Sigma) = \frac{1}{(2\pi)^{p/2}|\Sigma|^{1/2}} \exp[-\frac{1}{2}(\mathbf{x} - \boldsymbol{\mu})^T \Sigma^{-1} (\mathbf{x} - \boldsymbol{\mu})] \quad (5.46)$$

で与えられる。ここに $\boldsymbol{\mu} = (\mu_1, \mu_2, \cdots, \mu_p)^T$ は平均ベクトル (mean vector),

$$\Sigma = \begin{pmatrix} \sigma_{11} & \sigma_{12} & \cdots & \sigma_{1p} \\ \sigma_{21} & \sigma_{22} & \cdots & \sigma_{2p} \\ \cdots & \cdots & \cdots & \cdots \\ \sigma_{p1} & \sigma_{p2} & \cdots & \sigma_{pp} \end{pmatrix}$$

は分散共分散行列 (variance covariance matrix) と呼ばれる正定値対称行列 (positiv definit symmetric matrix) である。これを $N(\boldsymbol{\mu}, \Sigma)$ という記号で表す。

特に $p = 2$ の場合

$$f(x, y; \boldsymbol{\mu}, \Sigma) = \frac{1}{2\pi|\Sigma|^{1/2}} \exp[-\frac{1}{2}(x - \mu_x, y - \mu_y)\Sigma^{-1} \begin{pmatrix} x - \mu_x \\ y - \mu_y \end{pmatrix}] \quad (5.47)$$

ここに,

$$\boldsymbol{\mu} = \begin{pmatrix} \mu_x \\ \mu_y \end{pmatrix} \quad \Sigma = \begin{pmatrix} \sigma_{11} & \sigma_{12} \\ \sigma_{21} & \sigma_{22} \end{pmatrix} = \begin{pmatrix} \sigma_x^2 & \sigma_x \sigma_y \rho \\ \sigma_y \sigma_x \rho & \sigma_y^2 \end{pmatrix}$$

とおくと，ρ は (母) 相関係数である。Σ の逆行列を要素で表してまとめると，

$$\begin{aligned} & f(x, y; \mu_x, \mu_y, \sigma_x^2, \sigma_y^2, \rho) \\ & = \frac{1}{2\pi\sigma_1\sigma_2\sqrt{1 - \rho^2}} \\ & \times \exp\left[-\frac{1}{2(1-\rho^2)}\left\{\left(\frac{x - \mu_x}{\sigma_x}\right)^2 - 2\rho\left(\frac{x - \mu_x}{\sigma_x}\right)\left(\frac{y - \mu_y}{\sigma_y}\right) + \left(\frac{y - \mu_y}{\sigma_y}\right)^2\right\}\right] \end{aligned} \quad (5.48)$$

5.10.1 2変数関数のグラフ

R には2変数関数のグラフを表示する関数が備わっている。一つは疑似的に3次元表示する鳥瞰図 (persp) である。もう一つは普通の地図と同様に，同じ関数値の点を結んだ等高線表示 (contour) である。

2変量正規分布の密度関数のグラフを描いてみよう。簡単に $\mu_x = \mu_y = 0$，$\sigma_x^2 = \sigma_y^2 = 1$ の場合を考えよう。このとき (x, y) の同時密度関数は次のプログラムで計算できる。

```
normal2dens <- function(x, y, r = 0.9){
  det <- 1 - r^2
  1 / (2 * pi * sqrt(det)) * exp(-(x^2 -2 * r * x * y + y^2) / (2 * det))
}
```

2 変数関数のグラフ（鳥瞰図）

相関係数 $\rho = 0.8$ の密度関数 normal2dens8 を定義し，x, y の 2 変数関数の鳥瞰図 (perspective) を描く persp を用いて表示しよう（図 5.19）。

```
> x <- seq(-3, 3, length = 100)
> y <- x
```

```
normal2dens8 <- function(x, y, r = 0.8){
  det <- 1 - r^2
  1 / (2 * pi * sqrt(det)) * exp(-(x^2 -2 * r * x * y + y^2) / (2 * det))
}
```

```
> z <- outer(x, y, normal2dens8)
> persp(x, y, z)
> persp(x, y, z, theta = 30)
> persp(x, y, z, theta = 30, phi = 30)
```

視点も theta, phi などを用いて，変更することができる[20]。

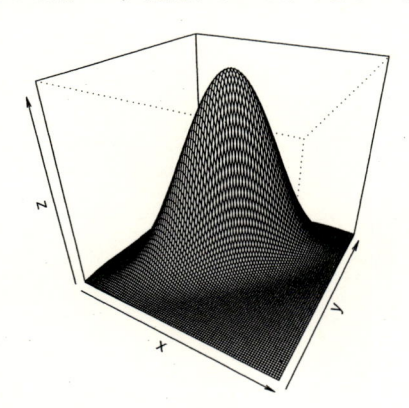

図 **5.19** 2 変量正規分布 $(\rho = 0.8)$

---

[20] S-PLUS では eye オプションを使う。デフォルトは eye = c(-6, -8, 5) になっている。

2 変数関数のグラフ（等高線図）

3 次元の鳥瞰図の代わりに地図のような「等高線図」を描くには contour を使う（図 5.20）。

```
> contour(x, y, z)
```

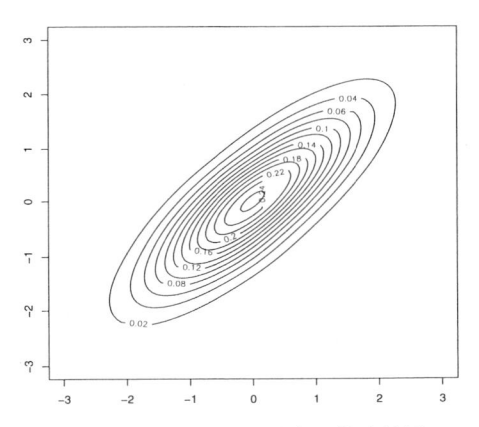

図 5.20 2 変量正規分布の等高線図 ($\rho = 0.8$)

または，image 関数を使うと良い（図 5.21）。

```
> image(x, y, z)
```

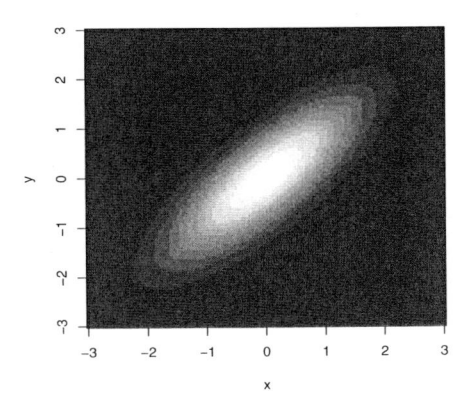

図 5.21 2 変量正規分布の image 図 ($\rho = 0.8$)

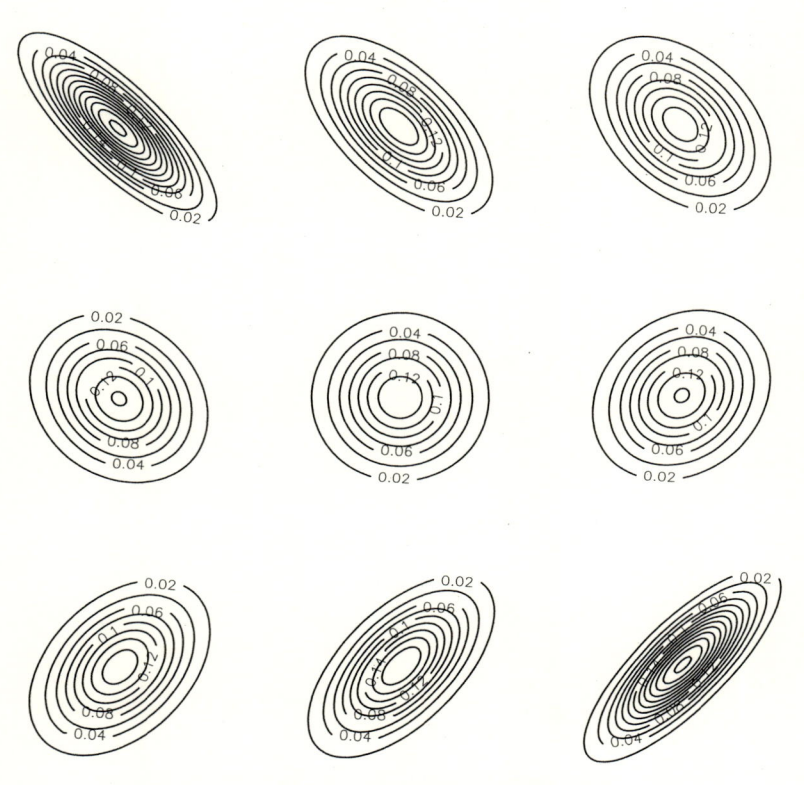

図 5.22 2 変量正規分布の密度関数の等高線図
(左上より横に $\rho = -0.8, -0.6, \cdots, 0.8$)

散布図と相関係数

身長と体重のように相関を持った 2 変量の正規乱数を作ってみよう（一般の p 変量多変量正規分布に従う乱数のプログラム normalprand は付録にある）。

```
normal2rand <- function(n, r){
  z1 <- rnorm(n)
  z2 <- r * z1 + sqrt(1 - r^2) * rnorm(n)
  list(z1 = z1, z2 = z2)
}
```

例えば，相関係数 $\rho = 0.2$ の正規乱数を 25 個発生させて，散布図を描こうとすると，コマンドは以下のようになる。

5.11. 標本相関係数の分布

```
> n2rand25 <- normal2rand(25, 0.2)
> plot(n2rand25$z1, n2rand25$z2)
```

さらに，実際に現れた乱数の相関係数の値がいくらになっているかも表示するようにするために，新しい関数を作っておこう．

```
normal2randd <- function(n, r){
  z1 <- rnorm(n)
  z2 <- r * z1 + sqrt(1 - r^2) * rnorm(n)
  plot(z1, z2)
  title(paste("r=", cor(z1, z2)))
}
```

```
> normal2randd(25, 0.8)
```

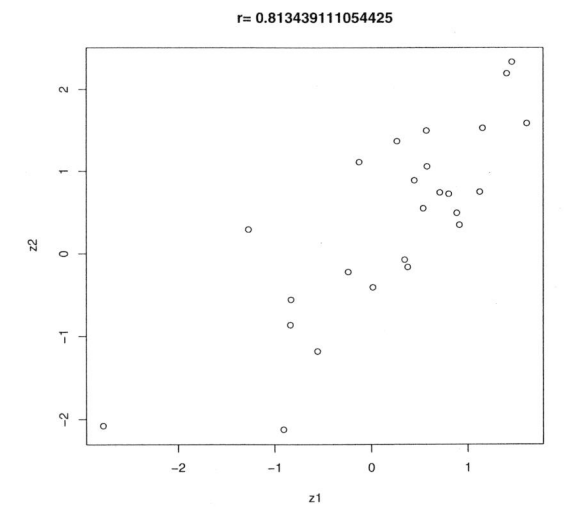

図 5.23 2 変量正規乱数の散布図

図 5.23.の表題の部分にこの散布図の相関係数の値が表示されている．

5.11 標本相関係数の分布

X と Y とが母相関係数 ρ の 2 変量正規分布に従っているとき，そこから独立に取られた N 個の標本による標本相関係数 r の分布は，密度関数 が

$$f(r) = \frac{2^{n-2}(1-\rho^2)^{n/2}(1-r^2)^{(n-3)/2}}{(n-2)!\pi} \sum_{\alpha=0}^{\infty} \frac{(2\rho r)^\alpha}{\alpha!} \Gamma^2[(n+\alpha)/2], \quad -1 \leq r \leq 1$$

で与えられる分布になる。ここで $n = N - 1$ である。

この式を見てもどんなものか，どんな形になるのかはすぐにはわからない。α に関する無限個の和もあり，この関数を定義する（プログラムする）のも簡単ではない。

ここはシミュレーションで分布を求めてみよう。

2 変量正規乱数を発生する関数 normal2rand（82 ページ参照）は n 組のデータを X のベクトル，Y のベクトルをさらにリストとしたものを返す。すなわち，

```
> normal2rand(4, 0.5)
$z1
[1] -0.05578739 -0.16371340  0.88203465 -0.10435398

$z2
[1] -1.10787009 -0.09732282  0.80469092  0.11591825
```

となり，このリストのままでは相関係数を求める関数 cor は使えない。このリストで与えられた 2 つのデータから標本相関係数を計算するには次のようにする。

```
> ldata <- normal2rand(4, 0.5)
> cor(ldata$z1, ldata$z2)
[1] 0.7767475
```

これを使って，母相関係数 ρ のとき，N 組の標本から求めた標本相関係数を nsim 回シミュレーションで求める関数は

```
cordistsim <- function(nsim, n, r){
  rslt <- c()
  for (i in 1:nsim){
    rdat <- normal2rand(n, r)
    rslt <-c(rslt, cor(rdat$z1, rdat$z2))
  }
  rslt
}
```

となる。

さて，ρ を 0 と 0.5 で，標本数 N を 10 と 100 とで比較してみよう（図 5.24）。

```
> par(mfrow = c(2,2))
> hist(cordistsim(1000, 10, 0))
> hist(cordistsim(1000, 10, 0.5))
> hist(cordistsim(1000, 100, 0))
> hist(cordistsim(1000, 100, 0.5))
```

$\rho = 0$ の場合には左右対称であるが，0 から離れるに従って偏った分布になっている。母相関係数が同じ場合，標本数 N が大きいほど，標本相関係数の値のばらつきが小さくなっていることがわかる。

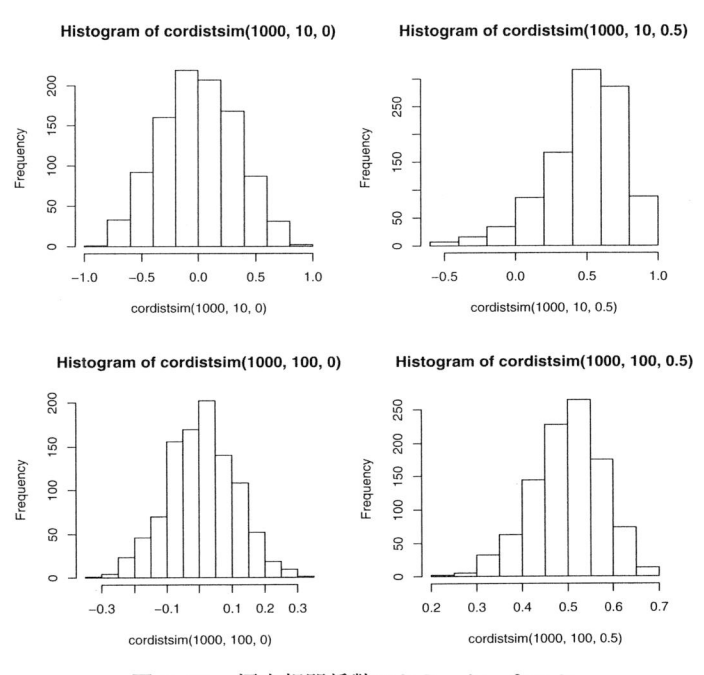

図 5.24 標本相関係数のシミュレーション

演習

1. χ^2 分布の再生性をシミュレーションで確かめよ．

2. 確率変数 X, Y が独立に区間 $[0,1]$ の一様分布に従うとき，$Z = X + Y$ の分布を求めよ（分布関数を求め，微分して密度関数を求める）．さらに，求めた分布が正しいことをシミュレーションで確認せよ．

3. 次のプログラムは母相関係数 ρ を乱数で決めて，2 変量正規乱数を発生させて，散布図を描くものである．表示された散布図を見て，(標本) 相関係数がどれくらいの値かを読み取ってみよう．エンターを押すと，このデータの (標本) 相関係数が表示される．慣れると，自分が読み取った値と，計算して表示される値の誤差が 0.1 程度にはなる．

```
testcor <- function(){
  r <- runif(1, -1, 1)
  n2r <- normal2rand(50, r)
  plot(n2r$z1, n2r$z2)
  cat("Type  <Return> ¥n correlation is : ")
  readline()
  cor(n2r$z1, n2r$z2)
}
```

```
> testcor()
Type  <Return>
 correlation is :
```

第6章

中心極限定理

中心極限定理

$X_1, X_2, \cdots, X_n$ が平均 μ, 分散 σ^2 を有する分布からの独立な標本, その標本平均変量を $\bar{X} = \sum_{i=1}^n X_i/n$ とするとき, $\sqrt{n}(\bar{X} - \mu)/\sigma$ の分布は $n \to \infty$ のとき標準正規分布 $N(0, 1^2)$ に収束する.

中心極限定理は平均, 分散の存在を仮定するだけの弱い条件で成立するので, 利用できる場面は多い. 理論的には標本数が無限大のときであるが, 実用的には $n \geq 25$ 程度あれば標準正規分布と考えても問題がない.

6.1 一様分布の場合

X_i $(i = 1, 2, \cdots)$ が区間 $[0, 1]$ 上の一様分布の場合を計算してみよう. 言うまでもなく $n = 1$ の場合は, もとの一様分布そのものであり,

$$E[X_1] = \frac{1}{2}, \quad V[X_1] = \frac{1}{12}$$

である.

6.1.1　$n = 2$ の場合

X_1, X_2 が独立に区間 $[0, 1]$ 上の一様分布に従っている場合, その和 $Z = X_1 + X_2$ の密度関数は次式で与えられる[1].

$$u_2(z) = \begin{cases} z & (0 \leq z < 1) \\ 2 - z & (1 \leq z \leq 2) \\ 0 & (\text{その他}) \end{cases} \tag{6.1}$$

---

[1] 前の章の演習問題を参照のこと.

期待値，分散は
$$E[Z] = 1, \quad V[Z] = \frac{2}{12} = \frac{1}{6}$$
となる．平均 0，分散 1 に基準化して標準正規分布の密度関数と重ね書きすると図 6.1 が得られる．三角形と指数という違いも密度関数のグラフで比べると差は少ない．

```
u2 <- function(z)
  switch(length(which(c((z >= 0),(z >= 1),(z > 2)))) + 1, 0, z, 2 - z, 0)

u2s <- function(z)
  u2(z / sqrt(6) + 1) / sqrt(6)
```

```
> x <- seq(-3, 3, length = 101)
> plot(x, sapply(x, u2s), type = "l")
> curve(dnorm, -3, 3, add = T, col = 2)
```

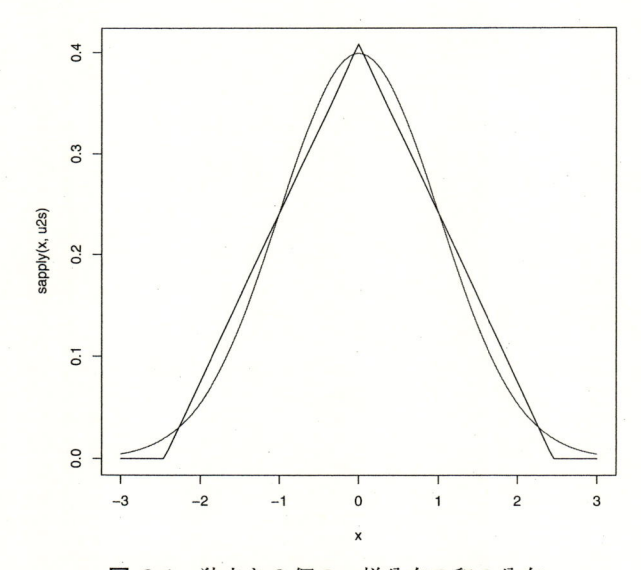

図 **6.1** 独立な 2 個の一様分布の和の分布

6.1.2　$n = 3$ の場合

X_1, X_2, X_3 が独立にが区間 $[0, 1]$ 上の一様分布に従っている場合，その和 $Z = X_1 + X_2 + X_3$ の密度関数は次式で与えられる．

6.1. 一様分布の場合

$$u_3(z) = \begin{cases} z^2/2 & (0 \leq z < 1) \\ -z^2 + 3z - 3/2 & (1 \leq z < 2) \\ (z-3)^2/2 & (2 \leq z \leq 3) \\ 0 & (その他) \end{cases} \quad (6.2)$$

期待値，分散は

$$E[Z] = \frac{3}{2}, \quad V[Z] = \frac{3}{12} = \frac{1}{4}$$

となる．これを平均 0，分散 1 に基準化したグラフと，標準正規分布のグラフを重ね書きすると図 6.2 が得られる．山の頂上近くで違いはあるものの，それ以外の場所ではほとんど同じ形をしていることがわかる．

```
u3 <- function(z)
  switch(length(which(c((z >= 0), (z >= 1), (z >= 2), (z > 3)))) + 1,
  0, z^2 / 2, -z^2 + 3 * z - 3 / 2, (z - 3)^2 / 2, 0)
u3s <- function(z)
  u3(1.5 + (z * 0.5)) * 0.5
```

```
> x <- seq(-3, 3, length = 101)
> plot(x, sapply(x, u3s), type = "l", ylim = c(0, 0.4))
> curve(dnorm, -3, 3, add = T, col = 2)
```

同様に一様乱数 4 個の和，5 個の和と密度関数を計算することはできるが，直接計算することはこの程度にして，以後は他の分布を含めてシミュレーションで中心極限定理を確かめることにしよう．その前に，中心極限定理を用いた正規乱数の発生法を一つ紹介しておこう．

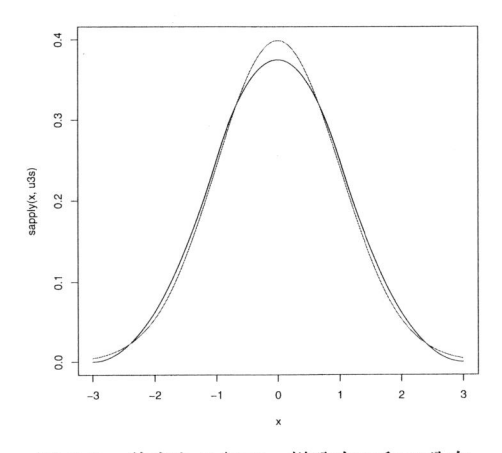

図 **6.2** 独立な 3 個の一様分布の和の分布

6.1.3 一様乱数を用いた正規乱数の生成

独立な一様分布の和の分布は数個で正規分布と大差ないことがわかった。この中心極限定理の性質を使って，正規乱数生成のために，独立な一様分布 12 個の和を用いることがある。すなわち，$X_1, X_2, \cdots, X_{12}$ を独立な区間 $[0,1]$ 上の一様分布に従う確率変数とすると，これの和

$$Z = X_1 + X_2 + \cdots + X_{12},$$
$$E[Z] = 6, \quad V[Z] = \frac{12}{12} = 1$$

となり，中心極限定理より $Z' = Z - 6$ は標準正規分布 $N(0, 1^2)$ と見なしても誤差は少ない。

6.2 種々の分布

これからの節では，どんな分布が，どの程度の速度で収束するかをシミュレーションで確かめてみることにしよう。このためにシミュレーションで使う新しい分布を定義しておこう。

6.2.1 二次分布

$y = -x^2$ という下向きの 2 次関数で y の正の部分の面積が 1 となるように垂直方向に平行移動したものである。

$$f(x) = \begin{cases} -x^2 + (\frac{3}{4})^{2/3} & (-(3/4)^{1/3} \leq x \leq (3/4)^{1/3}) \\ 0 & (その他) \end{cases} \tag{6.3}$$

密度関数，累積分布関数のグラフは図 6.3，図 6.4 の通りである。

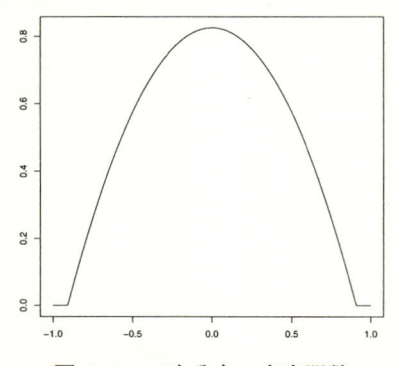

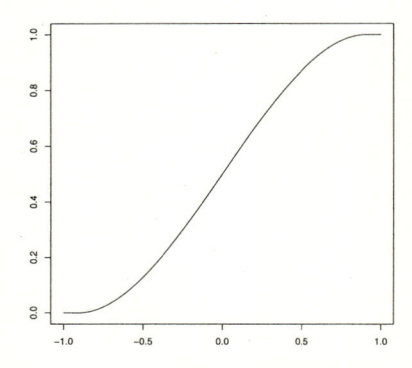

図 6.3 二次分布の密度関数   図 6.4 二次分布の累積分布関数

6.2.2 三角分布

二等辺直角三角形で面積が1となるように範囲を定めたもの。

$$f(x) = \begin{cases} \sqrt{2} - x & (0 \leq x \leq \sqrt{2}) \\ 0 & (その他) \end{cases} \tag{6.4}$$

密度関数，累積分布関数のグラフは図 6.5，図 6.6 の通りである。

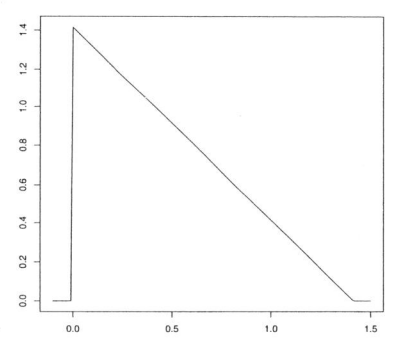

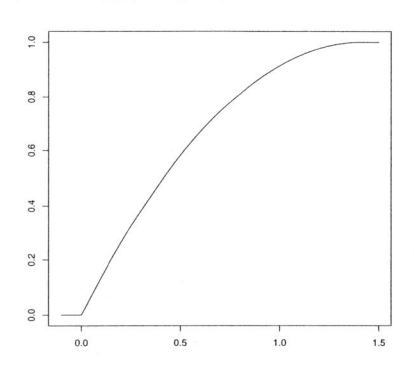

図 **6.5** 三角分布の密度関数　　図 **6.6** 三角分布の累積分布関数

6.2.3 平方根分布

$y = \sqrt{x}$ という平方根関数で面積が1となるように範囲を定めたもの。

$$f(x) = \begin{cases} \sqrt{x} & (0 \leq x \leq (\frac{9}{4})^{1/3}) \\ 0 & (その他) \end{cases} \tag{6.5}$$

密度関数，累積分布関数のグラフは図 6.7，図 6.8 の通りである。

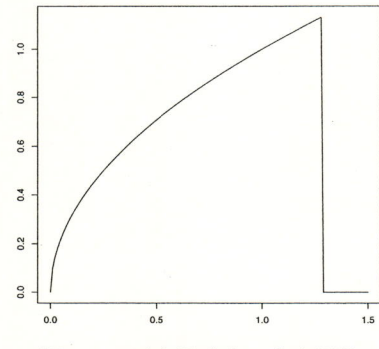

図 **6.7** 平方根分布の密度関数 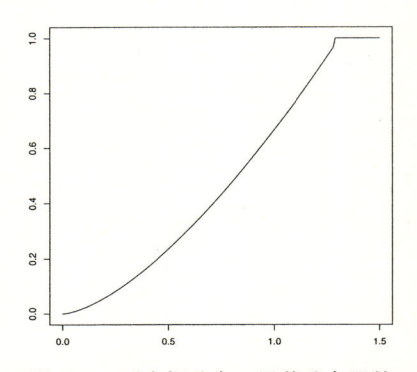　　図 **6.8** 平方根分布の累積分布関数

6.3　中心極限定理を眺めてみよう

　中心極限定理は平均，分散があればどんな分布でも成立するので，一様分布や，二次分布，三角形分布，平方根分布（この3つはここで名前を付けただけで，世間で認められている名前ではない）のような連続型の分布に限らず，二項分布のような離散型の分布でも成り立つ．

　また，一様分布や二次分布のように平均に一致する対称軸があり，そこを中心に左右対称な分布と，三角分布や平方根分布のような非対称な分布とでは標準正規分布への収束の速度が違う．（対称の方が速い！）

　いずれにしろ，実用上は n が 25 程度あれば，正規分布で近似してもあまり支障がないと言われている．

　このため，母集団分布に各種の分布を仮定し，その母集団から無作為標本を n 個取り出して，その標本平均の分布を基準化した値の分布を眺めてみよう．

　例えば，母集団分布に「一様分布」を仮定すると，シミュレーションでは n 個の一様乱数が，その母集団からの n 個の無作為標本となる．この n 個の値の平均を求める．

```
mean(runif(n))
```

これをシミュレーションの回数 nsim 回繰り返して，nsim 個の平均の値を求める．例えば，n = 10, nsim = 1000 とした場合，次のように計算する．

```
> n <- 10
> nsim <-1000
> rslt <- apply(sapply(rep(n, nsim), runif), 2, mean)
> rslt
```

　これは次のプログラムでもよい．

6.3. 中心極限定理を眺めてみよう

```
> rslt <- c()
> n <- 10
> nsim <-1000
> for(i in 1:nsim){
    rslt[i] <- mean(runif(n))
}
> rslt
```

nsim 個の平均の値の平均と標準偏差を求め，基準化する．

```
> stdata <- scale(rslt)
```

基準化した nsim 個の値のヒストグラム[2]に標準正規分布の密度関数を重ね書きして，正規分布への収束の度合いを眺める．

```
> # ヒストグラムの階級数を 20 とする
> hist(stdata, nclass = 20, xlim = c(-4, 4), freq = F)
> curve(dnorm, -4, 4, add = T, col = 2)
```

これらを関数としてまとめておこう[3]．

```
cltplot <- function(data, n){
  hist(scale(data), nclass = 20, xlim = c(-4, 4),
    ylim = c(0, 0.5), freq = F, main = paste("N =" , n))
  curve(dnorm, -4, 4, col = 2, add = T)
}
clturand <- function(n, nsim){
  if(n == 1)
    result<-apply(matrix(sapply(rep(n, nsim), runif), n, nsim), 2, mean)
  else
    result <- apply(sapply(rep(n, nsim), runif), 2, mean)
  cltplot(result, n)
}
```

一様分布以外の分布を考える場合には，runif を対応する分布の乱数の関数に代えることになる．

　データ数を増やすと，標準正規分布に収束することを確かめるためには，この操作をデータ数 n が 2 個の場合から，3 個，4 個と増やしていった図を描くことになる．

---

[2] S-PLUS では，hist(stdata, nclass = 20, xlim = c(-4, 4), freq = F) は
hist(stdata, nclass = 20, xlim = c(-4, 4), probability = T) とする．

[3] S-PLUS では，
```
cltplot <- function(data, n){
  hist(scale(data), nclass = 20, xlim = c(-4, 4),
    ylim = c(0, 0.5), probability = T, main = paste("N =" , n))
  curve(dnorm, -4, 4, col = 2, add = T)
}
```

```
> nsim <- 500        #  標準のシミュレーション回数
```

```
cltunif <- function(nmax){
  for(i in 1:nmax){
    if (options()$device == "X11")
      X11()
    if (options()$device == "windows")
      win.graph()
    clturand(i, nsim)
  }
}
```

cltunif にデータ数 n を引数として渡すと実行することが出来る[4]。

```
> cltunif(10)
```

を実行すると，$n=1$ から $n=10$ までのシミュレーションを行い，各 n でのヒストグラムおよび標準正規分布の密度関数が n 個表示される．なお，出てきたグラフは関数 graphics.off() で全部消すことが出来る．

```
> graphics.off()
```

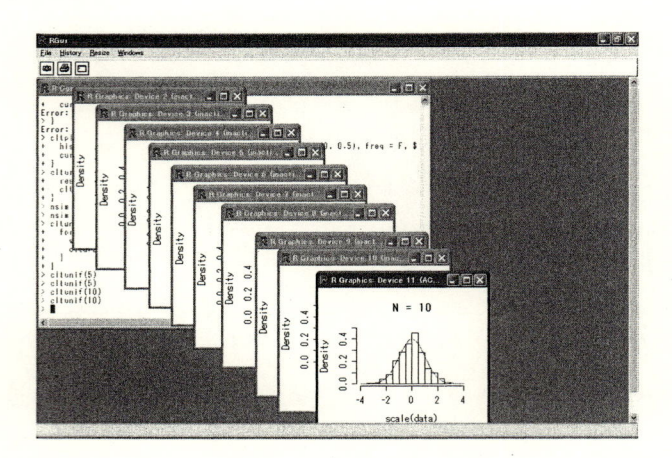

図 6.9 中心極限定理のシミュレーション（一様分布の場合）

---

[4] S-PLUS では cltunif は次のようにする．
```
cltunif <- function(nmax){
  for(i in 1:nmax){
      motif() #windowsの場合は，win.graph()に変更
    clturand(i, nsim)
  }
}
```

6.4 シミュレーション その他の分布

一様分布以外にも，二次分布，三角分布，平方根分布，二項分布でも中心極限定理のシミュレーションが行える．そのための関数は次の通りである．

```
cltrand <- function(n, nsim, rdist){
  if(n == 1)
    result <- apply(matrix(sapply(rep(n,nsim), rdist), n, nsim), 2,mean)
  else
    result <- apply(sapply(rep(n, nsim), rdist), 2, mean)
  cltplot(result, n)
}
clt <- function(nmax, rdist){
  for(i in 1:nmax){
    if (options()$device == "X11")
      X11()
    if (options()$device == "windows")
      win.graph()
    cltrand(i, nsim, rdist)
  }
}
```

関数 cltrand, clt[5] の引数である rdist は，乱数を発生させる関数を指定する．各分布の乱数発生の関数名を，表 6.1 にあげる[6]．

表 6.1 乱数

分布名	関数名	備考
一様分布	runif	
二次分布	rquad	
三角分布	rtriangle	
平方根分布	rsqrt	
二項分布	rbinom	size, probability を定めて関数を作成
χ^2 分布	rchisq	自由度を定めて関数を作成
t 分布	rt	自由度を定めて関数を作成
F 分布	rf	自由度1, 自由度2 を定めて関数を作成

---

[5] S-PLUS では，

```
clt <- function(nmax, rdist){
    motif()      #windowsの場合は，win.graph()に変更
    cltrand(i, nsim, rdist)
  }
}
```

[6] R に組み込まれている分布はこのほかにもいくつかある．ヘルプで探してみよう．

なお，2次分布，三角分布，平方根分布のシミュレーションを行う場合には，分布，乱数発生プログラムが入っている dist.r[7]をロードしておく必要がある．

```
> source("dist.r")
> clt(15, runif)
```

二項分布のように複数のパラメータ (n, p) が必要な分布では，第5章と同様に事前にパラメータを設定し，関数にしておく．

---- 例 ----

```
## 二項分布
rbinom10.01 <- function(n)
  rbinom(n, 10, 0.1)
## カイ2乗分布
rchisq2 <- function(n)
  rchisq(n, 2)
## t分布
rt2 <- function(n)
  rt(n, 2)
## F分布
rf8.10 <- function(n)
  rf(n, 8, 10)
```

```
> clt(15, rbinom10.01)
> clt(15, rchisq2)
> clt(15, rt2)
> clt(15, rf8.10)
```

これらの分布，ないしは自分で定義した分布でシミュレーションを行い，どの程度のデータ数で正規分布と見なせるか，収束の速度を調べてみよう．なお，出たグラフを全部消すには，`graphics.off()` を使う．

なお，Rで動作する関数[8] `clt.app` を付録（151 ページ）に用意している．これは，左クリックでデータ数を1つ増やしたシミュレーション結果が表示され，右クリックでデータ数を1減らしたシミュレーション結果を表示する関数である．なお，この関数を終了するときは，中ボタンをクリックすれば終了する．

```
> nsim <- 500
> clt.app(runif)
```

演習

1. 種々の分布で中心極限定理のシミュレーションを行い，どんな場合にどの程度の個数で正規分布と見なせるか求めよ（離散型分布，連続型分布，対称分布，非対

---

[7] http://www.mikawaya.to/appstat/からダウンロードできる．
[8] 2006年1月現在 R（windows，バージョン 2.2.1 以上）でのみ，動作する．

称分布)。

2. 新しい分布を作り（分布関数を定め，その逆関数から付録 A1 の方法で乱数を発生させる）中心極限定理のシミュレーションを行え。

第7章

推定

7.1 母集団と標本

　ある集団の特徴を考えてみよう。例えば，学校のあるクラスの身長の「平均」を考えてみよう。一つのクラスであれば40人前後の生徒であり，その全員の身長を測定し，計算すれば「クラスの平均身長」が求まる。学校全体でもそれほど難しくはないだろう。

　日本全体で小学校に入学した時の生徒の身長の平均を求めようとすると，最近の少子化の時代でも約120万人の身長を測定し，平均を計算しなければならない。結構手間暇がかかる大仕事になる。

　ある工場で生産している品物の質を調べることを考えてみよう。例えば電球の寿命である。ある工場で生産した電球が10000時間もつことを保証したい。生産した電球が本当に10000時間の寿命があるかを調査しようとすれば，10000時間使ってみるしか方法がない。10000時間使ってみて切れずに点灯し続けていれば「10000時間持った電球」として市場に出荷できるだろうか？　いや，誰も10000時間使った中古品は買わないであろう。

　これらの例が示すように，ある集団の特徴を調査したいとき，調査したい集団を「**母集団**」(population) という。最初の例のように母集団全員を調査できるのであれば，調査し，特徴の値を抽出すれば良い。これを「**全数調査**」という。

　2つめの例のように全数調査が可能だとしても，時間的，費用的に大変な場合もある。

　3つめの例のように破壊試験（壊れる，劣化する）のように全数調査すると，製品が無くなる場合のように，全数調査が不可能な場合もある。

　全数調査が不可能，ないしは可能であっても時間的，費用的に合わない場合は全数調査をあきらめて，母集団から一部分を取り出した「**標本**」(sample) だけを調査することになる。これを「**標本調査**」という。

調べたい全体を「**母集団**」(population) といい，そこから取り出した一部分を「**標本**」(sample) という．標本から測定し，測定値（データ）が得られる．

推定とは母集団の未知パラメータ θ の値をデータに基づいて調べることである．残念ながら，母集団がどうなっているか何の知識も無しに，標本に基づいて母集団がどうなっているか調べることは難しい．最初は母集団分布に仮定をおこう[1]）．

本章では主に，調査した結果は「連続量」で，母集団全体を調査した場合は，「正規分布」に従っていると仮定できる場合を取り扱うことにする．

7.2 点推定

通常，母集団から実際に測定する対象を決めるためには乱数などを用いて，「無作為非復元抽出」(random sampling without replacement) を行い，標本を決めることになる．

例えば，表 7.1 のような $N = 6$ の母集団から $n = 4$ の標本を取り出してみよう．

表 7.1 仮想的な母集団

	母集団	θ_i
1	A	148
2	B	160
3	C	159
4	D	153
5	E	151
6	F	140

```
> p1 <- c(148, 160, 159, 153, 151, 140)
> p1
[1] 148 160 159 153 151 140
> mean(p1)
[1] 151.8333
> var(p1)
[1] 54.96667
```

この母集団から 標本数 $n = 4$ の標本の取り出し方は表 7.2 のように $M = {}_N C_n = {}_6 C_4 = {}_6 C_2 = \frac{6 \times 5}{2 \times 1} = 15$ 通りある．

```
> mean(c(148, 160, 159, 153))
[1] 155.0
```

途中省略

---

[1]）「ノンパラメトリック法」という，母集団分布に仮定をおかずに分析する手法もある．

表 7.2 $N=6$ の母集団からの $n=4$ の標本の取り出し方

	標本	x_1	x_2	x_3	x_4	標本平均
1	A,B,C,D	148	160	159	153	155.00
2	A,B,C,E	148	160	159	151	154.50
3	A,B,C,F	148	160	159	140	151.75
4	A,B,D,E	148	160	153	151	153.00
5	A,B,D,F	148	160	153	140	150.25
6	A,B,E,F	148	160	151	140	149.75
7	A,C,D,E	148	159	153	151	152.75
8	A,C,D,F	148	159	153	140	150.00
9	A,C,E,F	148	159	151	140	149.50
10	A,D,E,F	148	153	151	140	148.00
11	B,C,D,E	160	159	153	151	155.75
12	B,C,D,F	160	159	153	140	153.00
13	B,C,E,F	160	159	151	140	152.50
14	B,D,E,F	160	153	151	140	151.00
15	C,D,E,F	159	153	151	140	150.75
	総平均（平均の平均）					151.8333

```
> mean(c(159, 153, 151, 140))
[1] 150.75
> mean(c(155.00, 154.50, 151.75, 153.00, 150.25,
         149.75, 152.75, 150.00, 149.50, 148.00,
         155.75, 153.00, 152.50, 151.00, 150.75))
[1] 151.8333
```

ここでは標本抽出の例示として，すべての標本を列記したが，実際は無作為抽出でこの中の一組が抽出され，観測されて，データ x_1, x_2, x_3, x_4 が定まる．この標本に基づいて，母集団のパラメータ（6個全体の平均）を定めようというのが，「**点推定**」(point estmation) である．使える情報は標本の値だけである．この標本の値（観測値）は選ばれた標本によって変化する値であり，「標本確率変数」と呼ばれ，一般に大文字で $X_1, X_2, \cdots, X_n$ と標記される．

母集団のパラメータ θ の値を，標本確率変数 $X_1, X_2, \cdots, X_n$ で推定するとは，

$$\hat{\theta} = f(X_1, X_2, \cdots, X_n)$$

となる標本確率変数の関数 f を定めることである．f をどのように決めればよいであろうか．最良の f を決定することは難しいが，推定量 $f(X_1, X_2, \cdots, X_n)$ が持っていてほしい性質は，次のように列挙することができる．

- 不偏性

- 一致性
- 有効性
- 最尤法

7.2.1 不偏性

標本 $X_1, X_2, \cdots, X_n$ に基づいて推定した（決めた）値 $\hat{\theta} = f(X_1, X_2, \cdots, X_n)$ が θ より大きめの値や，小さめの値に偏っていない（体重を軽めに，成績を高めに言わない）ことが望ましい．先の例で示したように，標本の値は抽出された標本によって変化し，推定値も大きめの値や，小さめの値が出ることがあるが，推定方法として偏っていないことが要求される．統計学的には，同じ方法で標本を定め，同じ方法で推定値を求めることを繰り返し，L 個の推定値

$$\hat{\theta}_1, \hat{\theta}_2, \cdots, \hat{\theta}_L$$

が求まったとき，この全体としては推定したい値である母集団のパラメータ θ になって欲しい．すなわち，

$$E(\hat{\theta}) = \theta \tag{7.1}$$

を満たすとき，$\hat{\theta} = f(X_1, X_2, \cdots, X_n)$ は θ の「**不偏推定量**」(unbiased estimator) という．

簡単に言うと，「（実際にはありえないが）何回も推定を繰り返すと，平均的には推定したい値 θ に合っている」というのが「不偏性」である．

例 表 7.1 の母集団の平均値である母平均

$$\mu = (148 + 160 + 159 + 153 + 151 + 140)/6 = 151.8333$$

を標本平均で推定することにする．すなわち，

$$\hat{\mu} = \bar{X} = \frac{1}{n}\sum_{i=1}^{n} X_i$$

とすると，$\hat{\mu}$ の平均は表 7.2 の最後に示されている通り 151.8333 と母平均 μ と同じ値になっている．すなわち，$\hat{\mu} = \bar{X}$ は母平均の不偏推定量である．

7.2.2 一致性

先の例では $N = 6$ の有限母集団の例を述べたが，有限母集団，無限母集団に関わらず，標本の大きさ n を増大したとき，すなわち，標本調査から全数調査に近づいたとき，極限的には n を N（有限母集団）ないしは ∞（無限母集団）に近づけたときには，全数調査の値，母集団のパラメータ θ に一致して欲しいという性質である．統計学的には

$$\lim_{n \to \infty} \hat{\theta} = \lim_{n \to \infty} \hat{\theta}(X_1, X_2, \cdots, X_n) = \theta \tag{7.2}$$

を満たすとき，$\hat{\theta} = f(X_1, X_2, \cdots, X_n)$ は θ の「**一致推定量**」(consistent estimator) という．

例 先の例では母集団の大きさが $N = 6$ で，標本の大きさが $n = 4$ であったが，標本数 n を N に近づければ，μ の推定量は

$$\bar{X} = \frac{1}{n}\sum_{i=1}^{n} X_i \to \frac{148 + 160 + 159 + 153 + 151 + 140}{6} = \mu \quad (n \to N)$$

となり，母平均に一致する．すなわち一致推定量である．

7.2.3 有効性

推定量として不偏性，一致性をみたすものは多数ある．この 2 つの条件を満たした推定量の中でどれを使えばよいだろうか？ 例えば，先の例でも

$$\hat{\theta}_4 = \hat{\theta}(X_1, X_2, X_3, X_4) = \frac{X_1 + X_2 + X_3 + X_4}{4} \tag{7.3}$$

$$\hat{\theta}_3 = \hat{\theta}(X_1, X_2, X_3, X_4) = \frac{X_1 + X_2 + X_3}{3} \tag{7.4}$$

$$\hat{\theta}_2 = \hat{\theta}(X_1, X_2, X_3, X_4) = \frac{X_1 + X_2}{2} \tag{7.5}$$

$$\hat{\theta}_1 = \hat{\theta}(X_1, X_2, X_3, X_4) = \frac{X_1}{1} \tag{7.6}$$

などを考えることができる．せっかく 4 個の標本（データ）を取ったのに，その先頭 3 個，2 個，1 個しか推定に使わないというもったいないことをしている．しかし，これらはすべて母平均 μ の不偏推定量である．

n 個の標本のうち最後の 1 個を使わないという風に考えれば，（無限母集団の場合）n を ∞ にしたとき，いずれも一致性の条件も満たしている．

しかし，せっかくのデータを使わないという無駄がどこかにあるはずである．それが「有効性」という概念である．先の例で示したように，推定量は「平均的には」，「標本数を多くすれば」母平均に合ってくれる．しかし，1 回の標本や，有限個の標本で母平均にはなかなか一致しない．であれば，できるだけ母平均に近い値がでることが望ましい．言い換えれば，推定量の分散が小さい方が望ましい．

$$V(\hat{\theta}) = E(\hat{\theta} - E(\hat{\theta}))^2 = E(\hat{\theta} - \theta)^2 \tag{7.7}$$

が小さい推定量ほど，「有効」(effective) な推定量という．ただし，無条件で最も有効な「最良」な推定量を見つけるのは非常に難しい．このため $\hat{\theta} = \hat{\theta}(X_1, X_2, \cdots, X_n)$ に $X_1, X_2, \cdots, X_n$ の線型式という条件，すなわち，

$$\hat{\theta} = \hat{\theta}(X_1, X_2, \cdots, X_n) = c_1 X_1 + c_2 X_2 + \cdots + c_n X_n \tag{7.8}$$

という条件のもとで，分散を最小にするもっとも有効な推定量 $c_1, c_2, \cdots, c_n$ を決めることが多い．これを満たす推定量を BLUE (Best Linear Unbised Estimator) という．平均値 $\bar{X}$ は，この意味で母平均 μ の BLUE になっている．

7.2.4 最尤法

実際に推定量 $\hat{\theta} = \hat{\theta}(X_1, X_2, \cdots, X_n)$ を作る方法として，「**最尤法**」(maximum likelihood method) と呼ばれるものがある．

分布形として，密度関数 $f(x) = f(x; \theta)$ が与えられ，パラメータ θ を推定する場合を考えよう．

標本（データ）x_1 は密度が大きい（その近くの値が起きる確率が大きい）あたりの値が起きたと考えるのが自然であろう．例えば $x_1 = 2$ というデータが得られたとき，図 7.1 の分布ように，端っこの，確率が小さな結果が起きたと考えるより，図 7.2 の分布のように，真ん中当たりの，確率が大きな結果が起きたと考えるのが妥当である[2]．

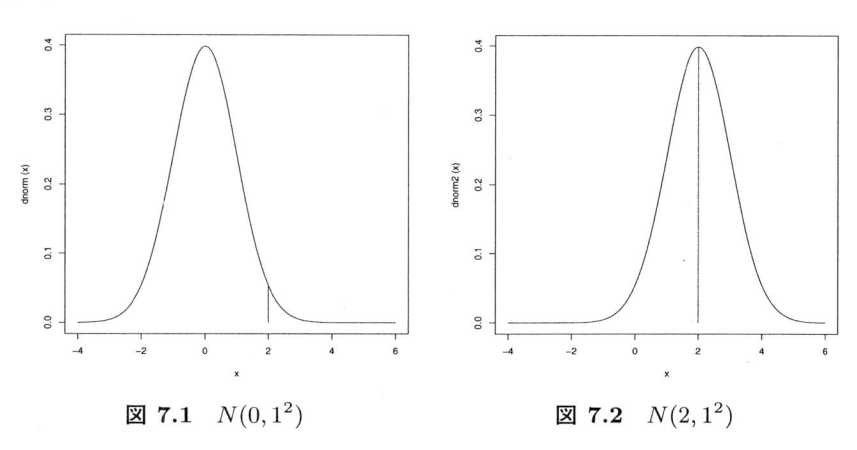

図 7.1 $N(0, 1^2)$ 　　　　　図 7.2 $N(2, 1^2)$

n 個のデータ $x_1, x_2, \cdots, x_n$ についても同様で，$x_1, x_2, \cdots, x_n$ の同時密度関数

$$f(x_1, x_2, \cdots, x_n) = f(x_1, x_2, \cdots, x_n; \theta)$$

が大きな値となるパラメータ θ からのデータと考えるのが自然であろう．$x_1, x_2, \cdots, x_n$ が互いに独立であれば，同時密度関数も

$$f(x_1, x_2, \cdots, x_n; \theta) = \prod_{i=1}^{n} f(x_i; \theta)$$

---

[2] 図の表示プログラムは付録 A.6.2 参照．

となり，これを最大とする θ を探し，その値を θ の推定量とするのが最尤法である。先の最大化する同時密度関数を θ の関数と見なして，

$$L(\theta) = L(\theta; x_1, x_2, \cdots, x_n) = \prod_{i=1}^{n} f(x_i; \theta) \tag{7.9}$$

をパラメータ θ の**尤度関数** (Likelihood function) といい，この関数値を最大にする θ を推定量とするのが，**最尤法** (Maximum Likelihood Method) と呼ばれる。さらにその推定量を「**最尤推定量**」(Maximum Likelihood Estimator, MLE) という。すなわち，$\hat{\theta}$ が θ の最尤推定量とは

$$L(\hat{\theta}) = \max_{\theta} L(\theta) \tag{7.10}$$

となることである。

通常は尤度関数の対数を取った「**対数尤度関数**」(log likelihood function) で考えることが多い。

$$\log L(\theta) = \log L(\theta; x_1, x_2, \cdots, x_n) = \sum_{i=1}^{n} \log f(x_i; \theta) \tag{7.11}$$

7.3 正規分布の母平均 μ の点推定

n 個の標本 $X_1, X_2, \cdots, X_n$ が，平均 μ，分散 σ^2 の正規分布 $N(\mu, \sigma^2)$ にしたがっている母集団からとられたとき，母平均 μ の推定を考えてみよう。

最尤推定値は

$$\log L(\mu) = \sum_{i=1}^{n} \log f(x_i; \mu, \sigma^2) \tag{7.12}$$

$$= \sum_{i=1}^{n} \log \frac{1}{\sqrt{2\pi}\sigma} \exp\left[-\frac{(x_i - \mu)^2}{2\sigma^2}\right] \tag{7.13}$$

$$= \sum_{i=1}^{n} \left\{-\frac{(x_i - \mu)^2}{2\sigma^2}\right\} - \frac{n}{2}\log(2\pi) - n\log\sigma \tag{7.14}$$

より，μ で偏微分して，

$$\frac{\partial}{\partial \mu} \log L(\mu) = \sum_{i=1}^{n} \left\{-\frac{-2(x_i - \mu)}{2\sigma^2}\right\} = 0 \tag{7.15}$$

とおき，極値の候補を求めると，

$$\sum_{i=1}^{n}(x_i - \mu) = 0$$

となり，
$$\hat{\mu} = \frac{1}{n}\sum_{i=1}^{n} x_i = \bar{x} \tag{7.16}$$
すなわち，標本平均が母平均 μ の最尤推定値となっている．

7.4 正規分布の母分散 σ^2 の点推定

7.4.1 母平均 μ が既知の場合

正規分布の母分散 σ^2 の点推定は，対数尤度関数 $\log L(\sigma^2)$ を σ^2 で偏微分し，

$$\frac{\partial}{\partial(\sigma^2)}\log L(\sigma^2) = \frac{\partial}{\partial(\sigma^2)}\sum_{i=1}^{n}\log \frac{1}{\sqrt{2\pi}\sigma}\exp\left[-\frac{(x_i-\mu)^2}{2\sigma^2}\right] \tag{7.17}$$

$$= \frac{\partial}{\partial(\sigma^2)}\left[\sum_{i=1}^{n}\left\{-\frac{(x_i-\mu)^2}{2\sigma^2}\right\} - \frac{n}{2}\log(2\pi) - \frac{n}{2}\log\sigma^2\right] \tag{7.18}$$

$$= \sum_{i=1}^{n}\left\{-\frac{(x_i-\mu)^2}{2}\right\}\left(-\frac{1}{(\sigma^2)^2}\right) - \frac{n}{2}\frac{1}{\sigma^2} \tag{7.19}$$

$$= 0$$

とおいて整理すると

$$\hat{\sigma}^2 = \frac{1}{n}\sum_{i=1}^{n}(x_i-\mu)^2 \tag{7.20}$$

が母分散 σ^2 の最尤推定値として求まる．

7.4.2 母平均 μ が未知の場合

母平均 μ と，母分散 σ^2 の対数尤度関数

$$\log L(\mu,\sigma^2) = \sum_{i=1}^{n}\log \frac{1}{\sqrt{2\pi}\sigma}\exp\left[-\frac{(x_i-\mu)^2}{2\sigma^2}\right]$$

$$= \sum_{i=1}^{n}\left[-\frac{(x_i-\mu)^2}{2\sigma^2}\right] - \frac{n}{2}\log(2\pi) - \frac{n}{2}\log\sigma^2 \tag{7.21}$$

を μ と σ^2 とで偏微分して 0 とおいた連立方程式

$$\frac{\partial}{\partial\mu}\log L(\mu,\sigma^2) = 0 \tag{7.22}$$

$$\frac{\partial}{\partial(\sigma^2)}\log L(\mu,\sigma^2) = 0 \tag{7.23}$$

を解くと

$$\hat{\mu} = \frac{1}{n}\sum_{i=1}^{n} x_i = \bar{x} \tag{7.24}$$

$$\hat{\sigma}^2 = \frac{1}{n}\sum_{i=1}^{n}(x_i - \bar{x})^2 = s^2 \tag{7.25}$$

が μ と σ^2 の最尤推定値として求まる．

7.4.3 母分散 σ^2 の不偏推定値

残念ながら前節で求めた母分散 σ^2 の最尤推定値は不偏推定値ではない．実際，

$$\begin{aligned}
E[S^2] &= E[\sum_{i=1}^{n}(X_i - \bar{X})^2] \\
&= E[\sum_{i=1}^{n}\{(X_i - \mu) - (\bar{X} - \mu)\}^2] \\
&= E[\sum_{i=1}^{n}(X_i - \mu)^2 - n(\bar{X} - \mu)^2] \\
&= E[\sum_{i=1}^{n}(X_i - \mu)^2] - nE[(\bar{X} - \mu)^2] \\
&= n\sigma^2 - n\frac{\sigma^2}{n} \\
&= (n-1)\sigma^2
\end{aligned} \tag{7.26}$$

となり，

$$U^2 = \frac{1}{n-1}S^2 = \frac{1}{n-1}\sum_{i=1}^{n}(X_i - \bar{X})^2 \tag{7.27}$$

とおくと

$$E[U^2] = \frac{1}{n-1}E[S^2] = \frac{1}{n-1}(n-1)\sigma^2 = \sigma^2 \tag{7.28}$$

が母分散 σ^2 の不偏推定量となる．この U^2 を（標本）**不偏分散**という．

7.5 区間推定

点推定は標本に基づいて1つの値を定めるため，何組もデータを取り，同じ方法で推定を繰り返した場合に平均的には推定したい母平均に一致するが，たった一組のデータで求めた値が，母平均の値に一致する可能性は少ない．

このため，推定したい母集団のパラメータがある確率で入っている区間を求める「区間推定」(interval estimation) を考えてみよう．求める区間の幅はできるだけ狭く，その定めた区間内にパラメータが入っている確率はできるだけ大きくなるように，区間を定めることになる．ただ，この両方を同時に満たすことは難しく，幅を狭くすれば，確率が小さくなり，確率を大きくすれば，幅は広くなってしまう．

7.5.1 信頼度

このため，確率に条件を付けることにしよう．「**信頼度**」(confidence value) $1-\alpha$ を定め，求めた推定区間の中にパラメータが入っている確率が $1-\alpha$ 以上になる区間のなかで，幅をできるだけ狭くすることにする．信頼度 $1-\alpha$ の値をいくらにするかは個別分野の問題であるが，0.95 とか 0.99 という値で使われることが多い．

7.5.2 信頼区間

n 個の標本 $X_1, X_2, \cdots, X_n$ に基づいて，パラメータ θ が入っていると思われる区間 $(\theta_L, \theta_U) = (\theta_L(X_1, X_2, \cdots, X_n), \theta_U(X_1, X_2, \cdots, X_n))$ を定める．信頼度の条件

$$\Pr(\theta_L < \theta < \theta_U) \geq 1 - \alpha \tag{7.29}$$

を満たす区間の中で，区間の幅

$$\theta_U - \theta_L \implies 最小化$$

となる区間 (θ_L, θ_U) を定めるのが，区間推定問題である．定めた区間を「**信頼度 $1-\alpha$ の信頼区間**」(confidence interval) という．

7.6 母平均 μ の区間推定

7.6.1 母分散 σ^2 が既知の場合

標本 $X_1, X_2, \cdots, X_n$ が $N(\mu, \sigma^2)$ から独立にとられた標本のとき，平均変量 $\bar{X} = \frac{1}{n}\sum_{i=1}^{n} X_i$ は $N(\mu, \frac{\sigma^2}{n})$ に従う．これより

$$Z = \frac{\bar{X} - \mu}{\sqrt{\frac{\sigma^2}{n}}} \sim N(0, 1^2) \tag{7.30}$$

となる．

標準正規分布 $N(0, 1^2)$ で，与えられた信頼度 $1-\alpha$ に対して

$$\Pr(a < Z < b) = 1 - \alpha$$

を満たす区間 $[a, b]$ は無数にあるが，区間の幅 $b - a$ を最小にするのは，山の高い所を中心にとった

$$\Pr(-k < Z < k) = 1 - \alpha \tag{7.31}$$

とした場合であり，これは

$$\Pr(Z > k_{\alpha/2}) = \frac{\alpha}{2} \tag{7.32}$$

とした上側 $\frac{100\alpha}{2}$ パーセント点を数表から求めればよい。この $k_{\alpha/2}$ を用いて式を変形してみよう。

$$\Pr(-k_{\alpha/2} < Z < k_{\alpha/2}) = 1 - \alpha \tag{7.33}$$

$$\Pr\left(-k_{\alpha/2} < \frac{\bar{X} - \mu}{\sqrt{\frac{\sigma^2}{n}}} < k_{\alpha/2}\right) = 1 - \alpha \tag{7.34}$$

$$\Pr\left(-k_{\alpha/2}\sqrt{\frac{\sigma^2}{n}} < \bar{X} - \mu < k_{\alpha/2}\sqrt{\frac{\sigma^2}{n}}\right) = 1 - \alpha \tag{7.35}$$

$$\Pr\left(-\bar{X} - k_{\alpha/2}\sqrt{\frac{\sigma^2}{n}} < -\mu < -\bar{X} + k_{\alpha/2}\sqrt{\frac{\sigma^2}{n}}\right) = 1 - \alpha \tag{7.36}$$

$$\Pr\left(\bar{X} + k_{\alpha/2}\sqrt{\frac{\sigma^2}{n}} > \mu > \bar{X} - k_{\alpha/2}\sqrt{\frac{\sigma^2}{n}}\right) = 1 - \alpha \tag{7.37}$$

すなわち

$$\Pr\left(\bar{X} - k_{\alpha/2}\sqrt{\frac{\sigma^2}{n}} < \mu < \bar{X} + k_{\alpha/2}\sqrt{\frac{\sigma^2}{n}}\right) = 1 - \alpha \tag{7.38}$$

となる。この式は推定したい母平均 μ が区間 $\left[\bar{X} - k_{\alpha/2}\sqrt{\frac{\sigma^2}{n}}, \bar{X} + k_{\alpha/2}\sqrt{\frac{\sigma^2}{n}}\right]$ に入っている確率が $1-\alpha$ であることを示しており，区間推定の信頼度 $1-\alpha$ 以上という条件を等号で満たしている。

この区間を

$$\bar{X} \pm k_{\alpha/2}\sqrt{\frac{\sigma^2}{n}}$$

と略記する。

シミュレーション

ここでは，区間推定をシミュレーションしてみよう。関数 rnorm は $N(0, 1^2)$ に従う乱数を生成してくれる。これを母集団と考えて，10 個の乱数（標本）をとり，母平均の信頼度 $1 - \alpha = 0.95$ の信頼区間を作ってみよう。

```
> k <- qnorm(1 - 0.025)
> k
[1] 1.959964
> x <- rnorm(10)
> x
 [1] -0.7999150  1.0300501 -0.8985255 -0.3641944 -0.4570542  1.1761483
```

7.6. 母平均 μ の区間推定

```
  [7] -0.7992654  0.7537574 -1.4673675 -0.2977667
> barx<- mean(x)
> barx
[1] -0.2124133
> mL <- barx - k * sqrt(1 / 10)
> mU <- barx + k * sqrt(1 / 10)
> mL
[1] -0.8322083
> mU
[1] 0.4073818
```

となり，区間 $[-0.8322083, 0.4073818]$[3])が信頼度 95% の信頼区間として求まる。

　標本 $\mathbf{x} = (x_1, x_2, \cdots, x_n)$ と信頼度 $1 - \alpha$ の値 conf，既知の分散 σ^2 の値 sigma2 を与えて，信頼区間を求める関数にすれば次のようになる。

```
conf.interval <- function(x, conf, sigma2)
{
  n <- length(x)
  alpha <- 1 - conf
  k <- qnorm(1 - alpha / 2)
  barx <- mean(x)
  mL <- barx - k * sqrt(sigma2 / n)
  mU <- barx + k * sqrt(sigma2 / n)
  c(mL, mU)
}
```

この関数を使って，標本数 $n = 10$ の標準正規乱数（分散 $\sigma^2 = 1$）と，信頼度 $1 - \alpha = 0.95$ で信頼区間を求めると

```
> conf.interval(rnorm(10), 0.95, 1)
[1] -0.6328023  0.6067878
> conf.interval(rnorm(10), 0.95, 1)
[1] -0.9608658  0.2787242
> conf.interval(rnorm(10), 0.95, 1)
[1] -0.6867034  0.5528867
> conf.interval(rnorm(10), 0.95, 1)
[1] 0.5904902 1.8300803
```

と，信頼区間の中にもともとの母平均である $\mu = 0$ を含む区間が求まる場合と，母平均を含まない区間が求まる場合がある。信頼度 $1 - \alpha$ は求めた区間に母平均が含まれる確率であったことを思い出せば，同じ方法で区間推定を繰り返した場合，100 回中 100α 回程度は求めた区間に母平均が入っていなくてもしかたがないことになる。

　区間推定を 100 回繰り返して，確かめてみよう。

```
> for(i in 1:100){
  print(conf.interval(rnorm(10), 0.95, 1))
  }
```

[3)] 乱数による実験のため，毎回結果は異なる。

```
[1] -0.8607489  0.3788411
[1] -1.068272   0.171318
[1] -0.3759185  0.8636716
[1] -0.3578511  0.8817390
[1] -0.6001474  0.6394426
[1] -0.5427991  0.6967909
[1] -0.9835918  0.2559982
[1] -0.5770314  0.6625587
[1] -1.29102159 -0.05143152        <=== 1
[1] -0.6397343  0.5998558
[1] -0.8862099  0.3533802
[1] -0.3846849  0.8549052
[1] -0.2824059  0.9571841
[1] -0.7767636  0.4628265
[1] -0.2068572  1.0327329
[1] -0.6555021  0.5840879
[1] -0.5724447  0.6671454
[1] -0.3515211  0.8880690
[1] -0.9518075  0.2877826
[1] -0.6035935  0.6359965
[1] -0.8161237  0.4234663
[1] -0.3429834  0.8966067
[1]  0.1295754  1.3691654          <=== 2
[1] -0.2137106  1.0258795
[1] -0.7853045  0.4542856
[1] -0.3751435  0.8644465
[1] -1.0145948  0.2249953
[1] -0.7904319  0.4491582
[1] -0.9524810  0.2871091
[1] -0.1369319  1.1026582
[1] -0.2179248  1.0216653
[1] -0.8904046  0.3491855
[1] -0.7422170  0.4973731
[1] -0.3208052  0.9187848
[1] -0.9887314  0.2508587
[1] -0.4306121  0.8089779
[1]  0.1085450  1.3481350          <=== 3
[1] -0.9042493  0.3353407
[1] -0.2299355  1.0096546
[1] -0.9030443  0.3365457
[1] -0.6083841  0.6312060
[1] -0.3449078  0.8946823
[1] -0.9266331  0.3129570
[1] -0.4595857  0.7800044
[1] -0.2362033  1.0033868
[1] -0.2134522  1.0261379
[1] -0.4803376  0.7592525
[1] -0.6855752  0.5540149
[1] -0.9092775  0.3303126
[1] -0.7422131  0.4973770
```

7.6. 母平均 μ の区間推定

```
[1] -0.5747994  0.6647907
[1] -1.15928464  0.08030542
[1] -0.686016  0.553574
[1] -0.3117894  0.9278006
[1] -0.3892929  0.8502972
[1]  0.0319188  1.2715089         <=== 4
[1] -0.4863876  0.7532025
[1] -0.5720598  0.6675303
[1] -0.5314722  0.7081179
[1] -0.6048074  0.6347826
[1] -1.4445673 -0.2049772         <=== 5
[1] -0.1565336  1.0830565
[1] -0.2033378  1.0362523
[1] -0.6939277  0.5456624
[1] -0.8077668  0.4318233
[1] -0.2977175  0.9418726
[1] -0.1626241  1.0769660
[1] -0.5244800  0.7151101
[1] -0.4863082  0.7532819
[1] -0.6602835  0.5793066
[1] -0.9130236  0.3265664
[1] -0.581478  0.658112
[1] -0.516313  0.723277
[1] -0.9909010  0.2486891
[1] -0.3511132  0.8884769
[1] -0.5537377  0.6858524
[1] -0.6671055  0.5724846
[1] -1.4184286 -0.1788385         <=== 6
[1] -0.2400547  0.9995354
[1] -0.5557114  0.6838787
[1] -0.9122801  0.3273100
[1] -0.5949228  0.6446672
[1] -0.6698004  0.5697896
[1] -0.6839611  0.5556289
[1] -0.3236449  0.9159451
[1] -0.5509754  0.6886147
[1] -0.2743521  0.9652380
[1] -0.03955519  1.20003487
[1] -0.5043956  0.7351945
[1] -0.4053238  0.8342663
[1] -0.9747857  0.2648043
[1] -0.1895582  1.0500318
[1] -0.8338891  0.4057009
[1] -0.7969804  0.4426097
[1] -0.9495113  0.2900788
[1] -0.08934512  1.15024494
[1] -0.6226497  0.6169403
[1] -0.3285301  0.9110600
[1] -0.8141806  0.4254095
[1] -0.3571843  0.8824057
```

標本の大きさ $n=10$ の標本を 100 組取り出し，各組ごとに信頼区間を作ったところ，結果にしるしを付けている通り，6 組の区間には真の母平均の値 $\mu=0$ を含まないものがあった。これは信頼度 $1-\alpha=0.95$ からみると妥当な回数であろう。

関数 sim.conf.interval は，シミュレーションの回数，標本数，信頼度を自由に設定して信頼区間を求めることができる。

```
sim.conf.interval <- function(nsim, n, conf){
  result <- c()
  for (i in 1:nsim){
    result <- rbind(result, conf.interval(rnorm(n), conf, 1))
  }
  result
}
```

この関数を使って，試しに標本数 $n=10$，信頼度 $1-\alpha=0.95$ で，シミュレーション回数 5 回で動かすと，次のように信頼区間の 5 組のリストができる。

```
> sim.conf.interval(5, 10, 0.95)
           [,1]       [,2]
[1,] -0.5237349 0.7158552
[2,] -1.1011255 0.1384645
[3,]  0.5347697 1.7743598
[4,] -0.2641569 0.9754332
[5,] -0.5803733 0.6592168
```

それでは，シミュレーション回数を 100 回にして，100 組の信頼区間を作り，真の母平均の値 $\mu=0$ を含まない信頼区間だけを表示してみよう。$\mu=0$ を含んでいるか否かは，信頼区間の左端 $\hat{\mu}_L$ と右端 $\hat{\mu}_U$ とが同符号か否かで判定できる。

```
> r <- sim.conf.interval(100, 10, 0.95)
> r[apply(r, 1, prod) > 0, ]
            [,1]         [,2]
[1,]  0.25583713  1.49542720
[2,] -1.26326399 -0.02367393
[3,] -1.25128508 -0.01169502
[4,] -1.25426675 -0.01467669
[5,]  0.03132188  1.27091194
> which(apply(r, 1, prod) > 0)
[1]  18  22  43  57 100
```

今回の 100 組のデータでは 5 組の信頼区間に $\mu=0$ が含まれていなかった。含まれていない区間は何番目かを調べてみると，18, 22, 43, 57, 100 番目ということがわかる。この 100 組の信頼区間をグラフに表示してみよう（図 7.3）。

7.6. 母平均 μ の区間推定

```
plot.conf.interval <- function(r){
  nsim <- nrow(r)
  gx <- c(0, 0)
  gy <- c(0, nsim)
  rft <- apply(r, 1, prod) > 0
  plot(gx, gy, type = "l", xlim = range(-2, 2), ylim = range(0, nsim))
  for(i in 1:nsim){
    if(!rft[i])
      lines(c(r[i, 1], r[i, 2]), c(i, i), col = 2)
    else
      lines(c(r[i, 1], r[i, 2]), c(i, i), col = 3)
  }
  cat(length(which(rft)), " intervals.\n")
}
```

```
> plot.conf.interval(r)
5   intervals.
```

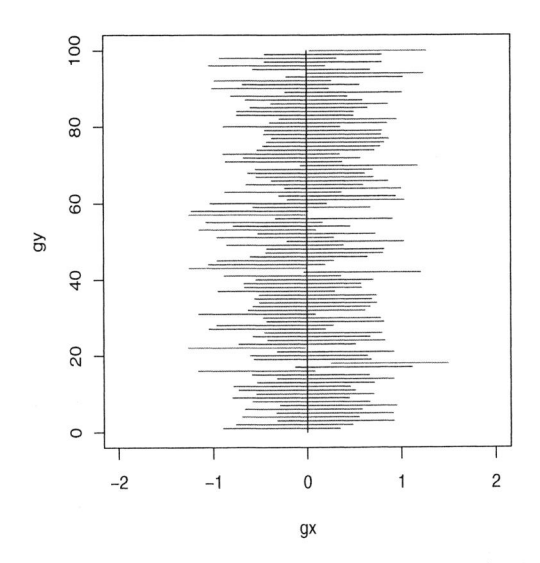

図 7.3 母平均の信頼区間のシミュレーション（母分散既知の場合）

7.6.2 母分散 σ^2 が未知の場合

前節では母分散 σ^2 が既知の場合に，

$$Z = \frac{\bar{X} - \mu}{\sqrt{\frac{\sigma^2}{n}}} \sim N(0, 1^2)$$

となることを使って，母平均 μ の信頼区間を導いた．

母分散が未知の場合には，上の式の σ^2 のところに，その不偏推定値 u^2 を用いることになる．このとき，

$$T = \frac{\bar{X} - \mu}{\sqrt{\frac{u^2}{n}}} \tag{7.39}$$

$$= \frac{(\bar{X} - \mu)/\sqrt{\frac{\sigma^2}{n}}}{\sqrt{\frac{1}{n-1} \sum_{i=1}^{n} (\frac{X_i - \bar{X}}{\sigma})^2}} \tag{7.40}$$

$$\sim \frac{N(0, 1^2)}{\sqrt{\chi_{n-1}^2/(n-1)}} \tag{7.41}$$

となり，T は自由度 $n-1$ の t 分布に従うことになる．

母分散が既知の場合と同様に，自由度 $n-1$ の t 分布 t_{n-1} より，

$$\Pr(-t_{n-1}(\alpha/2) < T < t_{n-1}(\alpha/2)) = 1 - \alpha \tag{7.42}$$

となる点 $t_{n-1}(\alpha/2)$ を数表などより求める．

前と同様に変形すると

$$\Pr\left(\bar{X} - t_{n-1}(\alpha/2)\sqrt{\frac{u^2}{n}} < \mu < \bar{X} + t_{n-1}(\alpha/2)\sqrt{\frac{u^2}{n}}\right) = 1 - \alpha \tag{7.43}$$

となる．この式は推定したい母平均 μ が区間 $\left[\bar{X} - t_{n-1}(\alpha/2)\sqrt{\frac{u^2}{n}}, \bar{X} + t_{n-1}(\alpha/2)\sqrt{\frac{u^2}{n}}\right]$ に入っている確率が $1-\alpha$ であることを示しており，区間推定の信頼度 $1-\alpha$ 以上という条件を等号で満たしている．

この区間を

$$\bar{X} \pm t_{n-1}(\alpha/2)\sqrt{\frac{u^2}{n}}$$

と略記する．標本 $\mathbf{x} = (x_1, x_2, \cdots, x_n)$ と信頼度 $1-\alpha$ の値 conf.level を与えたとき，この信頼区間は，次のようにして求めることができる．

```
> t.test(rnorm(10), conf.level = 0.95)$conf.int
[1] -0.4834009  0.9458065
attr(,"conf.level")
[1] 0.95
```

7.6. 母平均 μ の区間推定

シミュレーション回数 nsim, 標本数 n, 信頼度 $1-\alpha$ の値 conf を与えて, nsim 組の信頼区間を求める関数は次の通りである.

```
sim.t.conf.interval <- function(nsim, n, conf){
  result <- c()
  for (i in 1:nsim){
    result <- rbind(result, t.test(rnorm(n), conf.level = conf)$conf.int)
  }
  result
}
```

この関数を使って標本数 10, 信頼度 95%, シミュレーション回数 100 回で求めた 100 組の信頼区間中, 真の母平均の値 0 を含まない区間を列挙すると, 以下の 6 組であった. また, 母平均 0 を含まないのは, 13, 27, 63, 80, 89, 90 番目ということもわかる. これらを含めて全信頼区間を図 7.4 に示す.

```
> rt <- sim.t.conf.interval(100, 10, 0.95)
> rt[apply(rt, 1, prod) > 0, ]
            [,1]        [,2]
[1,]  0.53923847  1.25735537
[2,] -1.10799141 -0.06997429
[3,] -1.36784337 -0.13487513
[4,]  0.06765263  0.99652661
[5,]  0.21123214  1.36863472
[6,] -0.89833244 -0.02385121
> which(apply(rt, 1, prod) > 0)
[1] 13 27 63 80 89 90

> plot.conf.interval(rt)
6  intervals.
```

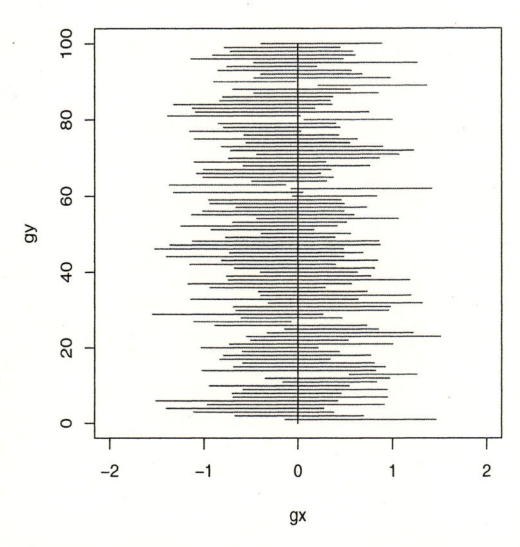

図 7.4 母平均の信頼区間のシミュレーション（母分散未知の場合）

母分散が未知の場合は母分散 σ^2 のかわりに，不偏推定値の標本不偏分散 u^2 を用いている．このため，前節の図 7.3 では信頼区間の幅がすべて同じであったのに比べ，図 7.4 では標本の組によって信頼区間の幅が変わっていることに注意しておこう．

```
> r[, 2] - r[, 1]
  [1] 1.23959 1.23959 1.23959 1.23959 1.23959 1.23959 1.23959 1.23959 1.23959
 [10] 1.23959 1.23959 1.23959 1.23959 1.23959 1.23959 1.23959 1.23959 1.23959
 [19] 1.23959 1.23959 1.23959 1.23959 1.23959 1.23959 1.23959 1.23959 1.23959
 [28] 1.23959 1.23959 1.23959 1.23959 1.23959 1.23959 1.23959 1.23959 1.23959
 [37] 1.23959 1.23959 1.23959 1.23959 1.23959 1.23959 1.23959 1.23959 1.23959
 [46] 1.23959 1.23959 1.23959 1.23959 1.23959 1.23959 1.23959 1.23959 1.23959
 [55] 1.23959 1.23959 1.23959 1.23959 1.23959 1.23959 1.23959 1.23959 1.23959
 [64] 1.23959 1.23959 1.23959 1.23959 1.23959 1.23959 1.23959 1.23959 1.23959
 [73] 1.23959 1.23959 1.23959 1.23959 1.23959 1.23959 1.23959 1.23959 1.23959
 [82] 1.23959 1.23959 1.23959 1.23959 1.23959 1.23959 1.23959 1.23959 1.23959
 [91] 1.23959 1.23959 1.23959 1.23959 1.23959 1.23959 1.23959 1.23959 1.23959
[100] 1.23959
> rt[, 2] - rt[, 1]
  [1] 1.6041242 1.3622988 1.4882653 1.6708688 1.8779954 1.9348040 1.6393549
  [8] 1.1530088 1.5337317 1.4788666 0.9936457 1.3224853 0.7181169 1.8398506
 [15] 1.6103956 1.3963180 1.1704012 1.5664143 1.0298823 1.2436350 1.7330756
 [22] 1.0375995 2.0641923 1.5495771 0.9946551 1.6119395 1.0380171 1.0737462
 [29] 1.8132350 1.6203498 1.6716213 1.6375182 1.7764899 1.5962065 1.1524958
 [36] 1.2232973 1.7349657 1.9265935 1.5308042 1.0290272 1.4878322 1.5484909
 [43] 1.6525530 1.8795655 1.4116359 2.0036422 2.2318392 1.9788081 1.1607281
```

```
[50] 0.9484642  1.0962080  1.6557881  1.2081165  1.5037259  1.7256178  1.4982402
[57] 1.3850361  1.4244968  1.4069757  0.8897828  1.3747901  1.4884538  1.2329682
[64] 0.7964620  1.3819335  1.3230204  1.3535183  1.3449790  1.3968730  1.5986263
[71] 1.5088005  1.9441477  1.7117935  1.1023243  1.7280732  1.0045466  1.1851037
[78] 1.2383116  1.2472209  0.9288740  1.4110242  1.8377821  1.3044028  1.6817141
[85] 1.1730036  1.1703267  1.3196011  1.2439675  1.1574026  0.8744812  1.4504068
[92] 1.0763445  1.4111000  0.9519664  1.7344375  1.6145963  1.5099563  1.2975441
[99] 1.2261856  1.2846272
```

7.7　母集団分布が正規分布とは限らない場合（大標本）

ここまでは母集団が正規分布の場合を扱ってきたが，母集団分布に正規分布を仮定できない場合には，どうすればよいであろうか？　この場合には中心極限定理を使って，大標本での正規近似を使うことにしよう．すなわち，母集団分布が何であろうと大標本（実用的には，$n \geq 25$）の場合には，標本平均 $\bar{X}$ は正規分布 $N(\mu, \sigma^2/n)$ に従う．ここに σ^2 は母分散であり，これが未知であれば，その代わりに不偏分散 u^2 を用いる．

信頼度 α の信頼区間は

$$\bar{X} \pm k_\alpha \sqrt{\frac{\sigma^2}{n}} \tag{7.44}$$

ないし，

$$\bar{X} \pm k_\alpha \sqrt{\frac{u^2}{n}} \tag{7.45}$$

となる．標本数が非常に大きいとき（理論的には無限）にはこのままでよいが，通常は，正規分布表から求めた $k_{\alpha/2}$ の代わりに少し大きめの値を使うことが多い．例えば，$1 - \alpha = 0.95$ の場合，$k_{0.025} = 1.96$ であるが，この代わりに $k'_{0.025} = 2.00$ を使うという具合である．

演習

1. ある試験の受験者から 20 人を無作為に抽出して調べ，次の値を得た．
   63 53 56 65 67 46 75 71 51 41 65 69 62 55 52 69 65 66 55 51
   この値を用いて，
   (a) 平均点を点推定せよ．
   (b) 母分散が未知の場合の，平均点の信頼度 95%の信頼区間を求めよ．
   (c) 母分散が $100 (= 10^2)$ と既知の場合，平均点の信頼度 95%の信頼区間を求めよ．

第8章

検定

検定とは 推定はパラメータに対する事前の知識がない場合に，そのパラメータの値がどんな値かを知るのが目的であった．これに対して検定問題ではパラメータに対して，こんな値らしいという情報があり，その真偽をデータから確かめてみるのが目的である．検定問題は 2 つの仮説 (hypothesis)：**帰無仮説** (null hypothesis)H_0 と**対立仮説** (alternative hypothesis)H_1 のどちらがもっともらしいかを，確率をもとに判断する．すなわち帰無仮説を正しいと仮定して，得られたデータ（統計量）の起きる確率を計算し，その確率が小さい場合には，「確率が小さい，めったに起きないことがたった 1 回の標本で起きるのはどこかがおかしい」，「現にこのデータが起きている以上，確率は小さくないはずだ」，「にもかかわらず，計算した確率が小さくなったのは，確率計算に用いた仮定がおかしい」と考えることにし，真偽が不明のまま，正しいと仮定した帰無仮説を疑うことにする．帰無仮説が真であれば，この値が得られる確率は小さいはずがないと考え，確率が小さくなっているのは帰無仮説が誤りであるとし，帰無仮説を否定する．検定では「帰無仮説を棄却する」という．統計量がどんな範囲の値のときに棄却するか，その範囲を「**棄却域**」(rejection region) という．逆に帰無仮説を認めるとき「帰無仮説を受容する」とか「帰無仮説を棄却できなかった」といい，その範囲を「**受容域**」(acceptance region) という．

検定の誤り 帰無仮説を正しいと仮定して計算した確率が小さい場合には，帰無仮説を棄却するという考えでは，帰無仮説は正しいのに，たまたま珍しい（確率が小さな）ことが起きたときに，正しい帰無仮説を棄却するという誤りを犯してしまうことになる．これを検定の「**第一種の誤り**」という．この逆に，帰無仮説は正しくないときに，計算した確率が小さくないので，正しくない帰無仮説を受容してしまう誤りがある．これを検定の「**第二種の誤り**」という．

危険率 この2種類の誤りは，両方ともできるだけ小さくしたい．残念ながら，両者を同時に小さくすることはできない．このため，第一種の誤りに条件を付けよう．第一種の誤りをどこまで許容するかというガイドラインを「危険率」といい，検定の前に定める．この値 α をいくらにするかは検定の目的や，個別分野の問題であるが，統計学の例では 0.05 (5%), 0.01 (1%), 0.001 (0.1%) という値がよく使われる．第一種の誤りを危険率以下にし，その上で第二種の誤りの確率ができるだけ小さくなるように検定手法を定めることになる．

有意 (significance) このため第一種の誤りは高々危険率 α であり，帰無仮説を棄却したとき，その結論が誤っている可能性は小さい．これに対して，第二種の誤りの確率の値は多くの場合計算できない．値がわからないのであれば，最悪の場合を考えておこう．帰無仮説を受容したとき，その結論が誤っている可能性は大きい．誤っている可能性の大きい結論を下しても意味がない．すなわち，検定結果が意味があるのは，誤っている可能性の小さい「帰無仮説を棄却した場合」だけであり，このとき「検定結果は有意（意味が有る）である」という．反対に，「帰無仮説を受容した場合」にはその結果には意味がなく，「検定結果は有意でない」という．この意味で，危険率は**有意水準** (significance level) ともよばれる．

p値 検定結果を示すとき，危険率（有意水準）をどんな値にすれば，検定結果が有意になるかという値を示すことがある．これを p **値** (p-value) という．

8.1 正規分布の母平均の検定（母分散 σ^2 が既知の場合）

母平均 μ の候補の値 μ_0 が与えられており，これが正しいか否かを標本

$$X_1, X_2, \cdots, X_n$$

に基づいて判断する．与えられた μ_0 を帰無仮説 H_0 とし，その否定を対立仮説 H_1 としよう．

$$H_0 : \mu = \mu_0 \tag{8.1}$$
$$H_1 : \mu \neq \mu_0 \tag{8.2}$$

この対立仮説の場合，帰無仮説を棄却した場合には，μ の値 μ_0 より大きい場合も，小さい場合もあり得る．これに対して旧製法と新製法を比較し，新製法は旧製法より悪いことはないことが分かっている場合には，新製法の平均 μ は旧製法の平均 μ_0 より大きいという対立仮説

$$H_1' : \mu > \mu_0 \tag{8.3}$$

を考える場合もある（不等号は逆向きの場合もある）．これを μ の値を μ_0 より大きい「片側」の方向にしか考えていないので「**片側対立仮説**」といい，H_0 vs. H_1' の検定

問題を「**片側検定**」という。これに対して先の H_0 vs. H_1 の検定問題は「**両側検定**」という。

帰無仮説 H_0 が正しいと仮定すると（この仮定があっているかどうかはわからないが），標本平均 $\bar{X} = \sum_{i=1}^{n} X_i/n$ は平均 μ_0，分散 σ^2/n の正規分布 $N(\mu_0, \sigma^2/n)$ に従う。

それゆえ，基準化した

$$Z = \frac{\bar{X} - \mu_0}{\sqrt{\frac{\sigma^2}{n}}} \tag{8.4}$$

は標準正規分布 $N(0, 1^2)$ に従う。

データから計算したこの値の実現値に注目しよう。この値がゼロから離れた値のとき，どう判断することにしようか？ ゼロから離れた値，すなわち絶対値 $|Z|$ が大きいとき，標準正規分布はゼロで左右対称であり，絶対値 $|Z|$ が大きい値をとる確率は小さい。

例えば $\Pr(Z < -3)$ は次の通り 0.001349898 と 0.1%程度である。

```
> pnorm(-3)
[1] 0.001349898
```

この確率であれば 1000 回に 1 回程度しか起きない，珍しい希有な結果である。先に述べた通り，確率が小さい希有な結果が起きるのはおかしいと考え，確率計算した仮定がおかしかったので，確率が小さくなったと考えるのが，仮説検定の立場であり，上の帰無仮説 H_0 が正しいと仮定したことを誤りとしよう。すなわち，帰無仮説 H_0 は正しくないと判断しよう。統計では「**帰無仮説 H_0 を棄却する**」という結論を下すことにする。

帰無仮説 H_0 を正しいと仮定して計算した確率が小さくなったときには，帰無仮説を棄却するという方針は立ったが，残った問題はどんな値のときに小さいと判断するかの基準である。これには「危険率」を用いる。

宝くじの一等のように確率が小さなことでも，誰かは当たっているわけである。その当選者が，こんな珍しいことが起きるのはおかしいと考えることはあるまい。素直に，当選を喜べばいい。これと同じで，帰無仮説が正しいときに，たまたま確率が小さい珍しいことが起きることはある。しかし，検定の立場では，帰無仮説を棄却するという誤った結論を下すことになる。これが検定の第一種の誤りであったし，それを有意水準 α 以下にしなければならない。

すなわち，

$$\Pr(|Z| > k) \text{ のとき } H_0 \text{ を棄却}$$
$$\text{第一種の誤りの確率 } \Pr(|Z| > k) \leq \alpha$$

の条件のもとで第二種の誤りの確率を最小にするために，

$$\Pr(|Z| > k) = \alpha$$

となる，$k = k_{\alpha/2}$ を数表から求め，

$\qquad |Z| > k_{\alpha/2}$ のとき，帰無仮説 H_0 を棄却
$\qquad$ そうでないとき，帰無仮説 H_0 を受容

することにしよう。

8.2 正規分布の母平均の検定（母分散 σ^2 が未知の場合）

両側検定

$$H_0 : \mu = \mu_0$$
$$H_1 : \mu \neq \mu_0$$

を考える。前節の，母分散が既知の場合は

$$Z = \frac{\bar{X} - \mu_0}{\sqrt{\frac{\sigma^2}{n}}}$$

が標準正規分布 $N(0, 1^2)$ に従うことを用いて，棄却域を作ったが，母分散 σ^2 が未知の場合には σ^2 の代わりに，その不偏推定量である不偏分散 u^2 を代入しよう。このとき，

$$T = \frac{\bar{X} - \mu_0}{\sqrt{\frac{u^2}{n}}} \tag{8.5}$$

は自由度 $(n-1)$ の t 分布に従うことより，

$$\Pr(|T| > t_{n-1}(\alpha/2)) = \alpha \tag{8.6}$$

となる点 $t_{n-1}(\alpha/2)$ を数表から求め，

$\qquad |T| > t_{n-1}(\alpha/2)$ のとき，帰無仮説 H_0 を棄却
$\qquad$ そうでないとき，帰無仮説 H_0 を受容

するという，結論を下す（これを俗に **t 検定**という）。

8.3 シミュレーション

8.3.1 母平均の検定のシミュレーション（母分散既知の場合）

母平均 0，母分散 1^2 の正規分布 $N(0, 1^2)$ に従う母集団（正規乱数）から n 個の標本をとり，

$$H_0 : \mu = 0$$
$$H_1 : \mu \neq 0$$

を検定してみよう．有意水準 $\alpha = 0.05$ を与えて，どの程度第一種の誤りが起きるかシミュレーションで確かめてみよう．

次の関数は標本数 n と有意水準 α を与えて，n 個の乱数（標本）をとり，検定結果が有意 (TRUE) か，有意でない (FALSE) かを戻す．

```
n.test <- function(n, alpha)
{
  k <- qnorm(1 - alpha / 2)
  x <- rnorm(n)
  barx <- mean(x)
  z <- barx / sqrt(1 / n)
  ifelse(abs(z) > k, T, F)
}
```

```
> n.test(10, 0.05)
[1] TRUE              検定が有意であった
> n.test(10, 0.05)
[1] FALSE             検定が有意でなかった
```

上の検定を nsim 回行い，各回の有意性をベクトルで戻す関数は次のようになる．

```
sim.n.test <- function(nsim, n, alpha)
{
  r <-c()
  for (i in 1:nsim)
    r <-c(r, n.test(n, alpha))
  r
}
```

この関数を使い，標本数 10 の母平均の検定を 100 組のデータで行うと，結果が rslt のようになった．有意になったのは 12 回目，30 回目，53 回目，67 回目と 92 回目の 5 回だった．

```
> rslt <- sim.n.test(100, 10, 0.05)
> rslt
  [1] FALSE FALSE FALSE FALSE FALSE FALSE FALSE FALSE FALSE FALSE FALSE  TRUE
 [13] FALSE FALSE FALSE FALSE FALSE FALSE FALSE FALSE FALSE FALSE FALSE FALSE
 [25] FALSE FALSE FALSE FALSE FALSE  TRUE FALSE FALSE FALSE FALSE FALSE FALSE
 [37] FALSE FALSE FALSE FALSE FALSE FALSE FALSE FALSE FALSE FALSE FALSE FALSE
 [49] FALSE FALSE FALSE FALSE  TRUE FALSE FALSE FALSE FALSE FALSE FALSE FALSE
 [61] FALSE FALSE FALSE FALSE FALSE FALSE  TRUE FALSE FALSE FALSE FALSE FALSE
 [73] FALSE FALSE FALSE FALSE FALSE FALSE FALSE FALSE FALSE FALSE FALSE FALSE
 [85] FALSE FALSE FALSE FALSE FALSE FALSE  TRUE FALSE FALSE FALSE FALSE FALSE
 [97] FALSE FALSE FALSE FALSE
> which(rslt)
[1] 12 30 53 67 92
```

有意水準 α を 0.05 にしているので，100 回中 5 回程度は第一種の誤り（有意になる）

が起きてもおかしくない。

このシミュレーションをまとめ，グラフ上に表す関数を作ると以下のようになる。

```
plot.sim.n.test <- function(nsim, n, alpha){
  curve(dnorm, -4, 4)
  cL <- qnorm(alpha / 2)
  cU <- qnorm(1 - alpha / 2)
  lines(c(cL, cL), c(0, dnorm(cL)), col = 2)
  lines(c(cU, cU), c(0, dnorm(cU)), col = 2)
  for (i in 1:nsim){
    x <- rnorm(n)
    barx <- mean(x)
    z <- barx / sqrt(1 / n)
    if (z < cL || z > cU){
      points(z, runif(1) * 0.005, col = 3)
      cat("[",i,"]: ", z, "\n")
    } else
      points(z, runif(1) * 0.005, col = 4)
  }
}
```

```
> plot.sim.n.test(100, 10, 0.05)
[ 17 ]:  -2.185417
[ 18 ]:  2.333727
[ 25 ]:  -2.257990
[ 57 ]:  2.159563
[ 96 ]:  -2.273156
```

今回のシミュレーションでは，100 回中 5 回有意となった。その 5 回は，17, 18, 25, 57, 96 回目で検定統計量はそれぞれ，$-2.185417, 2.333727, -2.257990, 2.159563, -2.273156$ だったということがわかる。さらに，図 8.1 をみることにより，どのように値が散らばっているかを見ておこう。

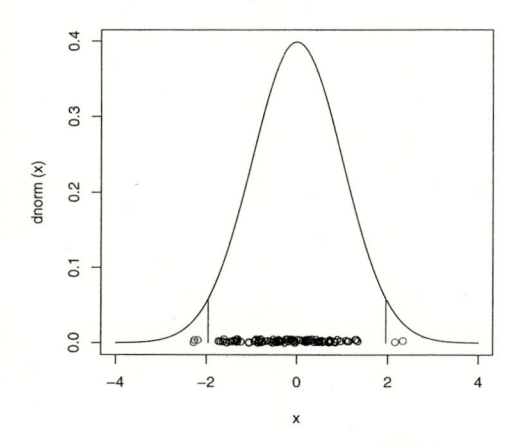

図 8.1 シミュレーションによる検定統計量の分布

ちなみに，100 回のシミュレーションを何度か繰り返すと，有意になった回数は次のようにバラバラである．

```
> which(sim.n.test(100, 10, 0.05))
[1]  9 51 65 69
> which(sim.n.test(100, 10, 0.05))
[1] 36
> which(sim.n.test(100, 10, 0.05))
[1]  3 22 24 51 67 95
> which(sim.n.test(100, 10, 0.05))
[1] 31 38 39 52 72
> which(sim.n.test(100, 10, 0.05))
[1] 24 43 62
```

この際，nsim 回のシミュレーション回数中，有意になる標本が何組あるかを数えることを nrepeat 回数繰り返して，有意になる回数の分布を作ってみよう[1]．

```
histsig <- function(nrepeat, nsim, n, alpha)
{
  nsig <- c()
  for (i in 1:nrepeat)
    nsig <- c(nsig, length(which(sim.n.test(nsim, n, alpha))))
  nsig
}
```

```
> rsim <- histsig(1000, 100, 10, 0.05)
> min(rsim)
[1] 0
```

---

[1] S-PLUS では，hist(rsim)$count は hist((rsim), plot = F)$count に置き換えること．

```
> max(rsim)
[1] 13
> hist(rsim, freq = F)
> hist(rsim)$count
 [1]  39  77 139 176 174 166 102  69  32  16   6   3   1
> sum(rsim)
[1] 5004
> mean(rsim)
[1] 5.004
```

1000 回繰り返してみたところ，100 組の標本中，有意になる組数の最小値は 0（1 組も有意にならなかった），最大値は 13 であった．このヒストグラムは図 8.2 である．有意になった回数の平均は 5004/1000 = 5.004 と 100 回中 5 回程度という有意水準の割合によくあっていることがわかる．

Histogram of rsim

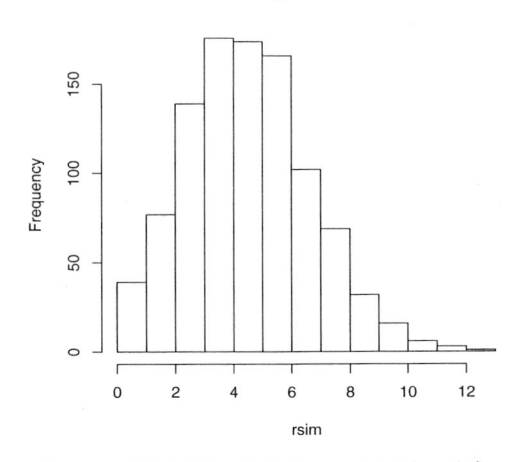

図 8.2　100 回中，有意になった回数の分布

言うまでもなく，この回数の分布は二項分布 $B(n,p) = B(100, 0.05)$ に従う．

8.3.2　母平均の検定のシミュレーション（母分散未知の場合）

母分散が未知の場合は，検定統計量が式 (8.4) から式 (8.5) に変わり，分布が自由度 $n-1$ の t 分布になる．しかし，R には，t.test 関数があり，母分散が未知の場合の母平均の検定を行える関数がある．それを利用して，関数を作ると次のようになる．

```
t.test.p <- function(n, alpha){
  conf <- 1 - alpha
  x <- rnorm(n)
  t.p.value <- t.test(x, conf.level = conf)$p.value
  ifelse(t.p.value < alpha, T, F)
}
```

この関数では，t.test が返す p.value を利用している．この値が，alpha より小さいなら検定が有意となる．

```
> t.test.p(10, 0.05)
[1] TRUE                検定が有意であった
> t.test.p(10, 0.05)
[1] FALSE               検定が有意でなかった
```

上の検定を nsim 回行い，各回の有意性をベクトルで戻す関数は，母分散が既知の場合の母平均の検定と同様次のようになる．

```
sim.t.test <- function(nsim, n, alpha)
{
  r <- c()
  for(i in 1:nsim)
    r <- c(r, t.test.p(n, alpha))
  r
}
```

この関数を使い，標本数 10 の母平均の検定を 100 組のデータで行うと，結果が rslt のようになった．有意になったのは 15, 43, 70, 73 回目の 4 回だった．母分散が既知の場合と同様，100 回のシミュレーションを何度か繰り返すと，有意になった回数は次のようにバラバラである．

```
>rslt<-sim.t.test(100, 10, 0.05)
> rslt
  [1] FALSE FALSE FALSE FALSE FALSE FALSE FALSE FALSE FALSE FALSE FALSE FALSE
 [13] FALSE FALSE  TRUE FALSE FALSE FALSE FALSE FALSE FALSE FALSE FALSE FALSE
 [25] FALSE FALSE FALSE FALSE FALSE FALSE FALSE FALSE FALSE FALSE FALSE FALSE
 [37] FALSE FALSE FALSE FALSE FALSE FALSE  TRUE FALSE FALSE FALSE FALSE FALSE
 [49] FALSE FALSE FALSE FALSE FALSE FALSE FALSE FALSE FALSE FALSE FALSE FALSE
 [61] FALSE FALSE FALSE FALSE FALSE FALSE FALSE FALSE FALSE  TRUE FALSE FALSE
 [73]  TRUE FALSE FALSE FALSE FALSE FALSE FALSE FALSE FALSE FALSE FALSE FALSE
 [85] FALSE FALSE FALSE FALSE FALSE FALSE FALSE FALSE FALSE FALSE FALSE FALSE
 [97] FALSE FALSE FALSE FALSE
> which(rslt)
[1] 15 43 70 73
> which(sim.t.test(100, 10, 0.05))
[1]  7 12 29 63 90
> which(sim.t.test(100, 10, 0.05))
[1] 21 29 30 43 58 66 78
```

```
> which(sim.t.test(100, 10, 0.05))
[1] 12 14 15 26 37 46 66 67
> which(sim.t.test(100, 10, 0.05))
[1]  4 12 24 39 52 66 84
> which(sim.t.test(100, 10, 0.05))
[1]  4  5 40 67 87
> which(sim.t.test(100, 10, 0.05))
[1] 27 81 97
> which(sim.t.test(100, 10, 0.05))
[1] 16 41 51 61 77 82
```

このシミュレーションをまとめ，グラフ上に表す関数を作ると以下のようになる[2]。

```
plot.sim.t.test <- function(nsim, n, alpha){
  tdens <- function(x)
    dt(x, n - 1)
  curve(tdens, -4, 4)
  cL <- qt(alpha / 2, n - 1)
  cU <- qt(1 - alpha / 2, n - 1)
  lines(c(cL, cL), c(0, dnorm(cL)), col = 2)
  lines(c(cU, cU), c(0, dnorm(cU)), col = 2)
  for (i in 1:nsim){
    x <- rnorm(n)
    tres <- t.test(x)
    if (tres$p.value < alpha){
      points(tres$statistic, runif(1) * 0.005, col = 3)
      cat("[",i,"]: ", tres$statistic, "\n")
    } else
      points(tres$statistic, runif(1) * 0.005, col = 4)
  }
}
```

```
> plot.sim.t.test(100, 10, 0.05)
[ 8 ]:  -2.994924
[ 29 ]:  -2.623407
[ 34 ]:  -7.640825
[ 57 ]:  -2.649655
[ 93 ]:  -3.273728
[ 100 ]:   3.115352
```

さらに，図 8.3 より，どのように値が散らばっているかを見ておこう。

母分散が既知の場合と同様に，nsim 回のシミュレーション回数中，有意になる標本が何組あるかを数えることを nrepeat 回数繰り返して，有意になる回数の分布を作ってみよう。

---

[2] S-PLUS では plot.sim.t.test の 1 行目に n <<- 10 を入れておく。ただし，n の上書きに注意すること。

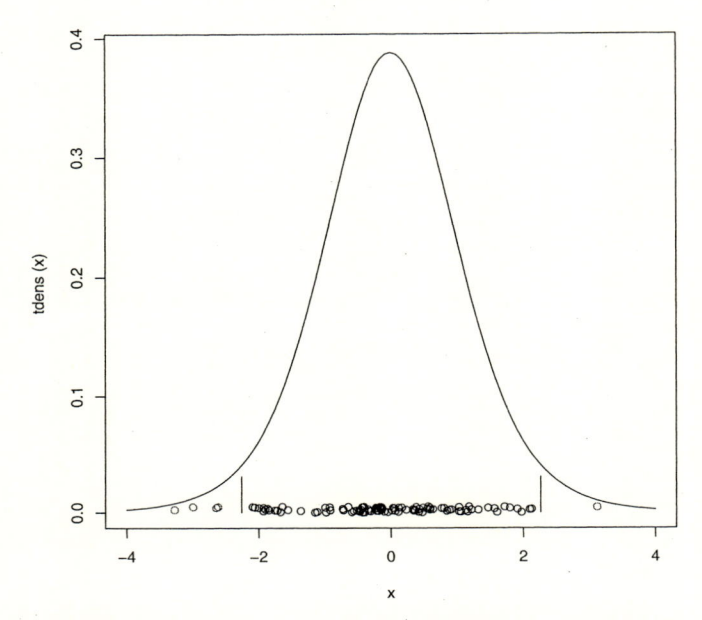

図 **8.3** シミュレーションによる検定統計量の分布（母分散未知）

```
hist.t.sig <- function(nrepeat, nsim, n, alpha)
{
  nsig <- c()
  for (i in 1:nrepeat)
    nsig <- c(nsig, length(which(sim.t.test(nsim, n, alpha))))
  nsig
}
```

この関数を実行すると以下のようになる[3]。

```
> rsim.t <- hist.t.sig(1000, 100, 10, 0.05)
> min(rsim.t)
[1] 0
> max(rsim.t)
[1] 13
> rsim.t <- hist.t.sig(1000, 100, 10, 0.05)
> min(rsim.t)
[1] 0
> max(rsim.t)
```

---

[3] S-PLUS では, hist(rsim.t)$count は hist((rsim.t), count = T, plot = F)$count に置き換えること。

```
[1] 14
> hist(rsim.t)
> hist(rsim.t)$count
 [1]   38  80 147 170 196 150  89  81  31  10   5   1   1   1
> sum(rsim.t)
[1] 4934
> mean(rsim.t)
[1] 4.934
```

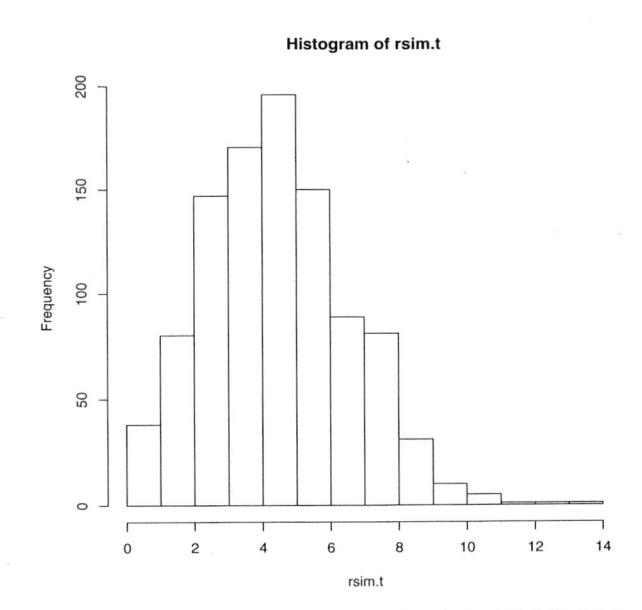

Histogram of rsim.t

図 8.4　100 回中，有意になった回数の分布（母分散未知）

8.4　正規分布の母分散の検定

母分散 σ^2 の値の検定も，正確には母平均が既知か未知かで少し変わるが，ここではポピュラーな母平均が未知の場合を取り扱う。

両側検定

$$H_0 : \sigma^2 = \sigma_0^2$$
$$H_1 : \sigma^2 \neq \sigma_0^2$$

を考える。H_0 を正しいと仮定すると，

$$X_1, X_2, \cdots, X_n \sim N(\mu, \sigma_0^2)$$

より,

$$\chi_0^2 = \sum_{i=1}^{n} \left(\frac{X_i - \bar{X}}{\sigma_0} \right)^2 \sim \chi_{n-1}^2 \tag{8.7}$$

となり,有意水準 α より,自由度 $n-1$ の χ^2 分布の上側 $\alpha/2$ 点 $\chi_{n-1}^2(\alpha/2)$ と下側 $\alpha/2$ 点 $\chi_{n-1}^2(1-\alpha/2)$ とを数表より求め,

$$\chi_0^2 > \chi_{n-1}^2(\alpha/2) \quad \text{または} \quad \chi_0^2 < \chi_{n-1}^2(1-\alpha/2) \Rightarrow H_0 \text{ 棄却}$$
$$\text{その他の場合} \Rightarrow H_0 \text{ 受容}$$

となる。

標本数 10,有意水準 0.05 の場合,$\chi_{10-1}^2(0.05/2) = \chi_9^2(0.025) = 19.02277$,$\chi_{10-1}^2(1-0.05/2) = \chi_9^2(0.975) = 2.700389$ であり,密度関数のグラフに棄却限界値の線を引くと図 8.5 のようになる。この線より端の値が出てくれば,帰無仮説 H_0 を棄却し,2 本の線の間の値であれば,帰無仮説を受容するという結論を下すことになる。

```
> chiL <- qchisq(0.025, 9)
> chiL
[1] 2.700389
> chiU <- qchisq(0.975, 9)
> chiU
[1] 19.02277
```

```
chisqdens9 <- function(x)
 dchisq(x, 9)
```

```
> curve(chisqdens9, 0, 30)
> lines(c(chiU, chiU), c(0, dchisq(chiU, 9)), col = 2)
> lines(c(chiL, chiL), c(0, dchisq(chiL, 9)), col = 2)
```

8.4. 正規分布の母分散の検定

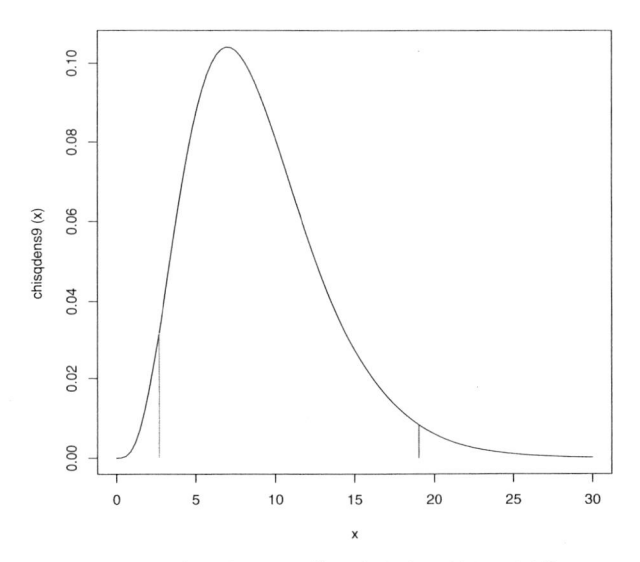

図 8.5 自由度 9 の χ^2 分布密度関数と限界値

標準正規分布 $N(0, 1^2)$ より $n = 10$ 個の標本をとり，$H_0 : \sigma^2 = 1(= \sigma_0^2)$ vs. $H_1 : \sigma^2 \neq 1$ の検定を 100 回繰り返してみよう。R の関数 sd は不偏分散の平方根を計算するので，分散の検定のための χ^2 統計量は

$$\chi_0^2 = \sum_{i=1}^{10} \left(\frac{x_i - \bar{x}}{\sigma_0} \right)^2 = \frac{\sum_{i=1}^{10} (x_i - \bar{x})^2}{\sigma_0^2}$$

$$= \frac{(n-1) \frac{1}{n-1} \sum_{i=1}^{10} (x_i - \bar{x})^2}{\sigma_0^2}$$

$$= \frac{(n-1) \left(\sqrt{\frac{1}{n-1} \sum_{i=1}^{10} (x_i - \bar{x})^2} \right)^2}{\sigma_0^2}$$

$$= \frac{(n-1) u^2}{\sigma_0^2} \tag{8.8}$$

と表現できる。これを計算するには次のように入力する。100 回繰り返したので，100 個の χ_0^2 の値が得られるが，この値を図 8.5 に付加したのが図 8.6 である。

```
> x <- sapply(rep(10, 100), rnorm)
> sdx <- apply(x, 2, sd)
> ssq <-sdx * sdx * 9
> chi0 <- ssq / 1
> points(chi0, runif(100) * 0.001)
```

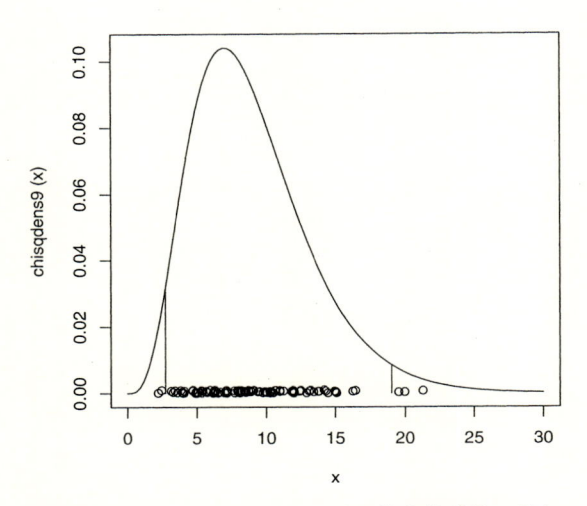

図 8.6 シミュレーションによる検定統計量の分布

図 8.6 を見ると，5 個の点が棄却域に入っており，100 回中 5 回 帰無仮説 H_0 が棄却されたことがわかる．実際，χ_0^2 の値を調べると，次の 5 個の値が棄却限界値の外にあることがわかる．

```
> for (i in chi0)
    if(i < chiL || i > chiU)
      print(i)


[1] 21.29107
[1] 19.96543
[1] 2.180929
[1] 19.53007
[1] 2.414219
```

8.5　検出力

正規分布の母平均の検定で，第二種の検定の誤りの確率は

$$H_0 : \mu = \mu_0 \quad \text{vs.} \quad H_1 : \mu = \mu_1 \tag{8.9}$$

の場合には計算できる．母集団が $N(\mu_1, 1^2)$ に従っている場合（すなわち対立仮説 H_1 が正しいとき）に，帰無仮説 H_0 を棄却する確率を**検出力**（H_0 が正しくないことを検出する確率）という．

8.5. 検出力

言いなおすと，

$$\text{検出力} = 1 - \text{第二種の誤りの確率}$$

である。μ_1 の関数として検出力をあらわしたものを**検出力関数**という。

$$\beta(\mu_1) = \Pr(H_1|\mu_1)$$

特に，$\mu = \mu_0$ のときは，

$$\beta(\mu_0) = \Pr(H_1|\mu_0) = \Pr(H_1|H_0)$$

となり，H_0 が正しいときに H_1 を採用する（H_0 を棄却する）第一種の誤りの確率，すなわち有意水準に一致する。検出力関数のグラフをシミュレーションおよび数学的に求めてみよう。

8.5.1 シミュレーション

まずは一般の $N(\mu, \sigma^2)$ の正規乱数の発生関数 rnorm から $N(\mu_1, 1^2)$ の乱数を n 個発生させ，$\mu = 0$ の検定を行う関数は

```
test.power.1 <- function(n, alpha, mu1)
{
  k <- qnorm(1 - alpha / 2)
  x <- rnorm(n, mean = mu1)
  barx <- mean(x)
  z <- barx / sqrt(1 / n)
  if (abs(z) > k)
    T
  else
    F
}
```

となり，例えば，$\mu_1 = 0$ のとき，データ数 10 個，有意水準 $\alpha = 0.05$ で検定してみると

```
> test.power.1(10, 0.05, 0)
[1] FALSE
```

という有意でない (FALSE) という結果が戻ってきた．

この処理を nsim 回行い，有意となった回数を割合にして戻す関数が次のように書ける。

```
test.power <- function(nsim, n, alpha, mu1)
{
  r <- c()
  for (i in 1:nsim)
    r <-c(r, test.power.1(n, alpha, mu1))
  length(which(r)) / nsim
}
```

例えば，$\mu_1 = 0$ の場合，1000 回のシミュレーションでは検出力 0.05 となった．

```
> test.power(1000, 10, 0.05, 0)
[1] 0.05
```

また，$\mu_1 = 0.1$ の場合，1000 回のシミュレーションでは検出力 0.07 となった．

```
> test.power(1000, 10, 0.05, 0.1)
[1] 0.07
```

μ_1 を区間 $[-2, 2]$ の間で適当に動かして，検出力を求めると次のようになる．

```
> for(mu1 in seq(-2, 2, 0.1))
    cat(c(mu1, test.power(1000, 10, 0.05, mu1)), "\n")
-2 1
-1.9 1
-1.8 1
-1.7 1
-1.6 1
-1.5 0.996
-1.4 0.996
-1.3 0.983
-1.2 0.97
-1.1 0.924
-1 0.899
-0.9 0.837
-0.8 0.72
-0.7 0.588
-0.6 0.476
-0.5 0.36
-0.4 0.255
-0.3 0.155
-0.2 0.103
-0.1 0.056
0 0.052
0.1 0.052
0.2 0.099
0.3 0.145
0.4 0.249
0.5 0.35
0.6 0.463
0.7 0.601
0.8 0.729
```

8.5. 検出力

```
0.9 0.812
1 0.884
1.1 0.95
1.2 0.966
1.3 0.98
1.4 0.992
1.5 0.996
1.6 0.999
1.7 0.999
1.8 0.999
1.9 1
2 1
```

このままではグラフを描きにくいので，少し変形しよう．まず，μ_1 を動かすベクトルを作る（これは x 軸の値にもなる）．

```
> mu1 <- seq(-2, 2, 0.1)
```

各 μ_1 のときの検出力の値をベクトルにする．

```
calc.power <- function(nsim, n, alpha, mu)
{
  rslt <- c()
  for(i in mu)
    rslt <-c(rslt, test.power(nsim, n, alpha, i))
  rslt
}
```

```
> prslt <- calc.power(1000, 10, 0.05, mu1)
> prslt
 [1] 1.000 1.000 1.000 1.000 0.998 0.994 0.997 0.977 0.965 0.946 0.883 0.815
[13] 0.701 0.625 0.485 0.371 0.265 0.156 0.108 0.069 0.074 0.059 0.089 0.162
[25] 0.251 0.322 0.465 0.623 0.739 0.820 0.870 0.945 0.960 0.984 0.992 0.998
[37] 0.998 1.000 0.999 1.000 1.000
```

この検出力の値を y 軸としてグラフを描こう．

```
> plot(mu1, prslt, type = "l")
```

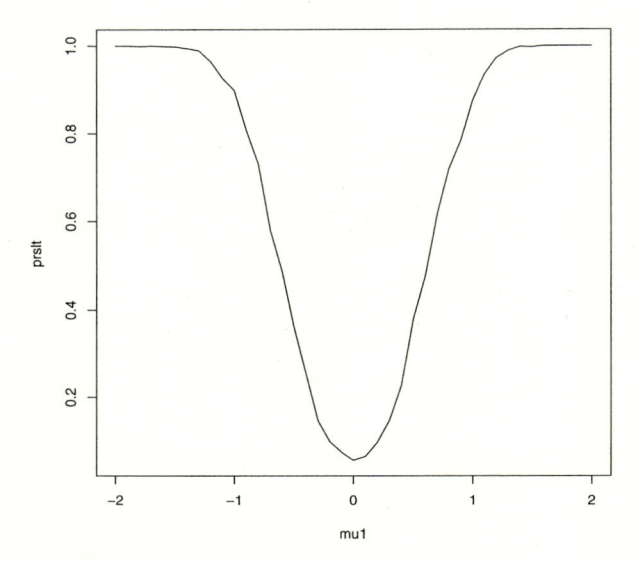

図 8.7 検出力のグラフ（シミュレーション）

横軸が対立仮説の μ_1 であり，帰無仮説の値 0 では有意水準 α の値 0.05 となり，帰無仮説から離れるほど大きくなっていくことがわかる。

8.5.2　検出力関数のグラフ

検出力関数のグラフをシミュレーションではなく，正確に計算して描こう。取り扱う検定問題はこれまでと同じ，正規母集団の母平均の検定問題である。

$$H_0 : \mu = \mu_0 = 0 \quad \text{vs.} \quad H_1 : \mu = \mu_1 \tag{8.10}$$

で，母分散既知で考える。

このとき検定統計量は

$$Z = \frac{\bar{X} - \mu_0}{\sqrt{\frac{\sigma^2}{n}}}$$

となり，Z の絶対値が有意水準 α から定まる限界値 k より大きいか否かで，有意か有意でないかが定まる。

帰無仮説 H_0 が正しいときには，検定統計量 Z は標準正規分布 $N(0, 1^2)$ に従うが，

8.5. 検出力

$\mu = \mu_1 \neq \mu_0$ のときには，つぎのような分布になる。

$$Z = \frac{\bar{X} - \mu_0}{\sqrt{\frac{\sigma^2}{n}}} \tag{8.11}$$

$$= \frac{\bar{X} - \mu_1}{\sqrt{\frac{\sigma^2}{n}}} + \frac{\mu_1 - \mu_0}{\sqrt{\frac{\sigma^2}{n}}} \tag{8.12}$$

最後の式の第 1 項は標準正規分布となり，第 2 項の定数

$$\nu = \frac{\mu_1 - \mu_0}{\sqrt{\frac{\sigma^2}{n}}}$$

が加わったものとなっている。

すなわち，検定統計量は標準正規分布から平均がずれた $N\left(\frac{\mu_1-\mu_0}{\sqrt{\frac{\sigma^2}{n}}}, 1^2\right)$ という正規分布になっている。

$\mu = \mu_1$ のときの「検出力」は，帰無仮説と異なることを検出する力であり，H_0 を棄却する確率である。言い直すと 1 から「$\mu \neq \mu_0$ のときに (H_0 が正しくないときに) H_0 を受容する誤り（第二種の誤り）」の確率を引いたものである。すなわち

$$\text{Power}(\mu_1) = 1 - \beta(\mu_1) = 1 - \Pr(|Z| < k|\mu_1) \tag{8.13}$$

$$= 1 - \Pr(-k < Z < k|Z \sim N(\nu, 1^2)) \tag{8.14}$$

$$= 1 - \Pr(-k - \nu < Z - \nu < k - \nu|Z - \nu \sim N(0, 1^2)) \tag{8.15}$$

これを各 μ_1 （以下，μ と書く）で計算し，グラフをプロットさせよう。

帰無仮説が $H_0{:}\mu_0 = 0$ で，有意水準が α，標本数 n のとき，μ のときの検出力は次のプログラムで計算できる。

```
power.theo <- function(mu, alpha, n){
  qa <- qnorm(1 - alpha / 2)
  tmp <- (mu - 0) / sqrt(1 / n)
  err2 <- pnorm(qa - tmp) - pnorm(- qa - tmp)
  1 - err2
}
```

この関数を使って，有意水準 $\alpha = 0.05$，標本数 $n = 9$ の場合の検出力関数のグラフを描かせてみよう。横軸が μ であり，帰無仮説での値 0 では有意水準 α の値 0.05 となり，帰無仮説から離れるほど検出力が大きくなっていくことがわかる。

```
> x <- seq(-3, 3, 0.01)
> plot(x, power.theo(x, 0.05, 10), type = "l")
```

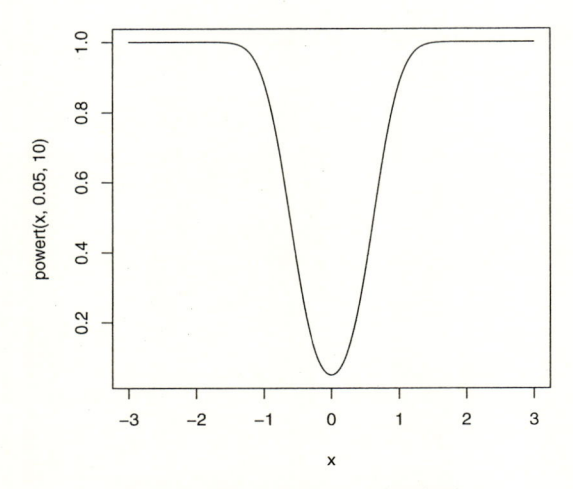

図 8.8 検出力のグラフ（理論的）

演習

1. 7章の演習のデータを用いて，
   (a) 母分散が未知の場合，平均点が 65 点であるかどうか，有意水準 5%で検定せよ。
   (b) 母分散が 100 $(= 10^2)$ と既知の場合，平均点が 65 点であると見なせるか，有意水準 5%で検定せよ。
   (c) 母分散が 100 と見なせるか，有意水準 5%で検定せよ。

解答例

2 章
1.
```
> # 例えば，xに1から10までの整数が入っているとする。
> x <- 1:10
> x <- x[-1]
```
2. `x[length(x)] <- 123`

3 章
1.
```
standev <- function(x){
    n <- length(x)
    sqrt(sum((x - mean(x))^2) / n)
}
```
2.
```
> mean(co2)
[1] 337.0535
> summary(co2)
  Min. 1st Qu.  Median    Mean 3rd Qu.    Max.
 313.2   323.5   335.2   337.1   350.3   366.8
> getrange(co2)
[1] 53.66
> interqrange(co2)
26.725
> meandeviation(co2)
[1] 13.06726
> variance(co2)
[1] 223.5091
> var(co2)
[1] 223.9877
> standev(co2)
[1] 14.95022
> sd(co2)
[1] 14.96622
> boxplot(co2)
> hist(co2)
```

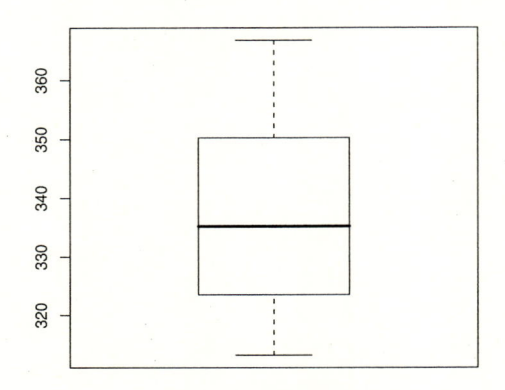

Histogram of co2

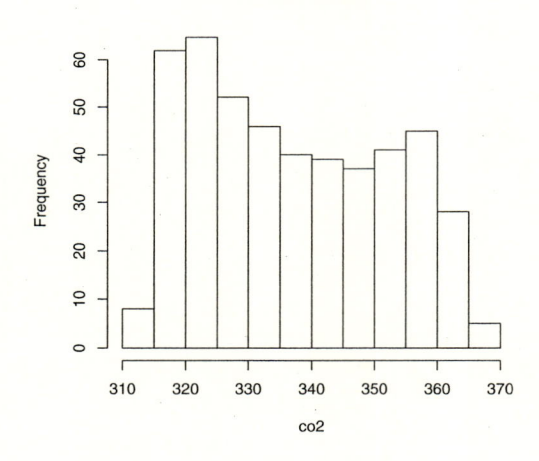

4 章   1.
```
> ex4.1 <- matrix(
c(
6.8, 7.2, 6.8, 6.8, 7.2, 7.0, 7.0, 7.1, 6.8, 7.1, 7.4, 7.2, 8.0,
6.8, 7.6, 7.0, 6.6, 6.6, 6.8, 7.0, 7.1, 7.2, 6.9, 7.5, 7.0, 7.4,
7.9, 6.8, 7.7, 7.4, 6.9, 7.6, 7.0, 7.6, 6.9, 7.5, 6.8, 7.2,
489, 464, 430, 362, 453, 405, 420, 466, 415, 413, 404, 427, 372,
496, 394, 446, 446, 420, 447, 398, 485, 400, 511, 430, 487, 470,
380, 460, 398, 415, 470, 450, 500, 410, 500, 400, 505, 522
), , 2)
```

```
> run50 <- ex4.1[,1]
> jump <- ex4.1[,2]
> plot(run50, jump)
> lm(jump~run50)
> rst4.1<-lm(jump~run50)
> abline(rst4.1)
> summary(rst4.1)

Call:
lm(formula = jump ~ run50)

Residuals:
   Min     1Q Median     3Q    Max
-97.09 -23.59  -8.46  32.79  84.33

Coefficients:
            Estimate Std. Error t value Pr(>|t|)
(Intercept)   823.24     129.08   6.378 2.18e-07 ***
run50         -53.55      18.07  -2.964  0.00535 **
---
Signif. codes:  0 '***' 0.001 '**' 0.01 '*' 0.05 '.' 0.1 ' ' 1

Residual standard error: 38.53 on 36 degrees of freedom
Multiple R-Squared: 0.1962,     Adjusted R-squared: 0.1739
F-statistic: 8.787 on 1 and 36 DF,  p-value: 0.005353
```

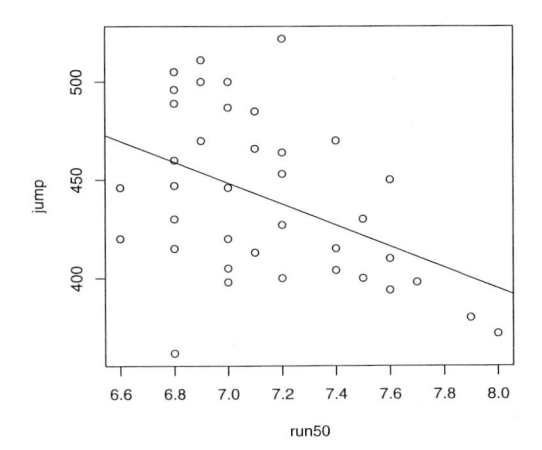

[Scatter plot of jump vs run50 with regression line]

```
> cor(run50, jump)
[1] -0.4429435
```

2.
```
> ex4.2 <- matrix(
c(
1, 2, 3, 4, 5, 6,
4, 1, 6, 2, 3, 5
), , 2)
> cor(ex4.2[, 1], ex4.2[, 2], method = "spearman")
[1] 0.2
> cor(ex4.2[, 1], ex4.2[, 2], method = "kendall")
[1] 0.2
```
なお，S-PLUS では，
```
> cor.spearman(ex4.2[, 1], ex4.2[, 2])
> cor.kendall(ex4.2[, 1], ex4.2[, 2])
```

5 章

1.
```
> x <- rchisq(1000, 1)
> y <- rchisq(1000, 2)
> z <- x + y
> hist(z, nclass = 20, freq = F)
> #自由度mのカイ二乗分布の平均はm，分散は2m
> mean(z)
[1] 3.011490
> var(z)
[1] 6.487362
> curve(chisqdens3, col = 3, add = TRUE)
```

Histogram of z

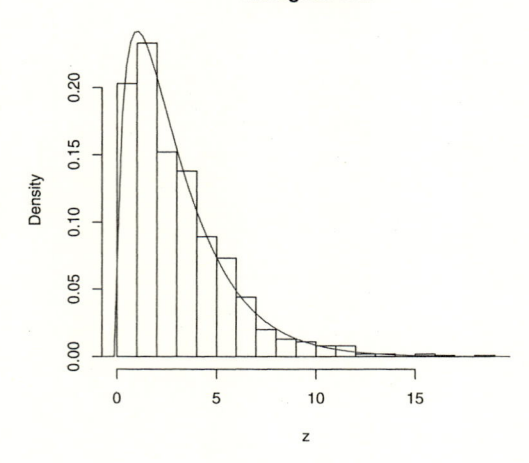

2. 区間 [0, 1] 上の一様分布 U(0, 1) の密度関数は言うまでもなく

$$f(x) = \begin{cases} 1 & (0 \leq x \leq 1) \\ 0 & (その他) \end{cases}$$

となる。このとき

$$Z = X + Y$$

の分布は次のように求められる。なお，

$$0 \leq X \leq 1$$

$$0 \leq Y \leq 1$$

より

$$0 \leq X + Y \leq 2$$

であることに注意しておこう。

$$H(z) = \Pr(Z < z) = \Pr(X + Y < z) = \iint_{x+y<z} g(x,y) dx dy$$

この積分領域は z の値により，次のように分けられる。

$0 \leq z < 1$ の場合

$$\begin{aligned} H(z) &= \int_0^x \left\{ \int_0^{z-x} 1 dy \right\} dx \\ &= \int_0^z (z-x) dx \\ &= \left[zx - \frac{x^2}{2} \right]_0^z \\ &= \frac{z^2}{2} \end{aligned}$$

$1 \leq z \leq 2$ の場合

$$\begin{aligned} H(z) &= \int_0^{z-1} \left\{ \int_0^1 1 dy \right\} dx + \int_{z-1}^1 \left\{ \int_0^{z-x} 1 dy \right\} dx \\ &= \int_0^{z-1} 1 dx + \int_{z-1}^1 (z-x) dx \\ &= [x]_0^{z-1} + \left[zx - \frac{x^2}{2} \right]_{z-1}^1 \\ &= -\frac{z^2}{2} + 2z - 1 \end{aligned}$$

これらを z で微分することにより z の密度関数 $h(z)$ は次のように与えられる。

$$h(z) = \frac{dH}{dz} = \begin{cases} z & (0 \leq z < 1) \\ 2-z & (1 \leq z \leq 2) \\ 0 & （その他） \end{cases}$$

```
> x <- runif(1000, 0, 1)
> y <- runif(1000, 0, 1)
> z <- x + y
> hist(z, nclass = 20, freq = FALSE)
> curve(1 * x, 0, 1, add = TRUE)
> curve(2 - x, 1, 2, add = TRUE)
```

Histogram of z

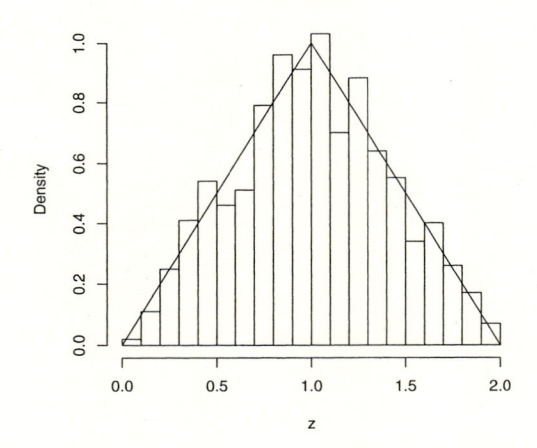

3. （省略）

6 章 （省略）

7 章

1.
```
> ex7 <- c(
63, 53, 56, 65, 67, 46, 75, 71, 51, 41,
65, 69, 62, 55, 52, 69, 65, 66, 55, 51
)
> mean(ex7)
[1] 59.85
```

2.
```
> t.test(ex7, conf.level = 0.95)$conf.int
[1] 55.58409 64.11591
attr(,"conf.level")
```

解答例　　　　　　　　　　　　　　　　　　　　　　　　　　　　　　　145

    [1] 0.95
  3. > conf.interval(ex7, 0.95, 100)
    [1] 55.46739 64.23261

8 章 1. 平均点は 65 点ではない
```
> #H_0: mu  = mu_0 (= 65)
> #H_1: mu != mu_0 (= 65)
> mu_0 <- 65
> T <- (mean(ex7) - mu_0) / sqrt(var(ex7) / length(ex7))
> abs(T) > qt(0.05 / 2, length(ex7) - 1, lower.tail = F)
[1] TRUE
> #以下のように数表より引いても可
> #数表より、t_19(0.05/2)=2.093なので
> abs(T) > 2.093
[1] TRUE
> #H_0: reject
```
  2. 平均点が 65 点であると見なせない
```
> #H_0: mu  = mu_0 (= 65)
> #H_1: mu != mu_0 (= 65)
> mu_0 <- 65
> Z <- (mean(ex7) - mu_0) / sqrt(100 / length(ex7))
> abs(Z) > qnorm(0.05 / 2, lower.tail = F)
[1] TRUE
> #以下のように数表より引いても可
> #数表より、z(0.05/2)=1.96なので
> abs(Z) > 1.96
[1] TRUE
> #H_0: reject
```
  3. 母分散は 100 と見なせる
```
> # H_0: sima^2  = sigma_0^2 (=100)
> # H_1: sima^2 != sigma_0^2 (=100)
> sigma_0 <- 10
> chisq_0 <- sum(((ex7 - mean(ex7)) / sigma_0)^2)
> chisq_0 < qchisq(0.025, length(ex7) - 1)
[1] FALSE
> chisq_0 > qchisq(0.975, length(ex7) - 1)
[1] FALSE
> # H_0: accept
```

付　　録A

A.1　乱数

　累積分布関数が $F(x)$ で与えられている 1 変量分布の乱数 x は，その累積分布関数 $F(x)$ の逆関数と，区間 $[0,1]$ の一様乱数 u より次式で生成できる．

$$x = F^{-1}(u) \tag{A.1}$$

累積分布関数が陽に求められている「三角分布」,「二次分布」,「平方根分布」では，この関係式から乱数を生成している．

A.1.1 その他の分布の乱数発生プログラム

――― 三角分布 ―――

```
# pdf
dtriangle <- function(x){
  if (x < 0)
    0
  else {
    if (x > sqrt(2))
      0
    else
      sqrt(2) - x
  }
}
# cdf
ptriangle <- function(x){
  if (x < 0)
    0
  else {
    if(x > sqrt(2))
      1
    else
      (sqrt(2) * x)-(x * x / 2)
  }
}
#random number
rtriangle <- function(n)
  sqrt(2) - sqrt(2 * (1 - runif(n)))
```

───── 二次分布 ─────

```
# pdf
dquad <- function(x){
  b <- exp(log(9 / 16) / 3)
  sb <- sqrt(b)
  if (x < -sb)
    0
  else
    if (x > sb)
      0
    else
      b - x^2
}


# cdf
pquad <- function(x){
  b <- exp(log(9 / 16) / 3)
  sb <- sqrt(b)
  if (x < -sb)
    rslt <- 0
  else
    if ( x > sb)
      rslt <- 1
    else
      rslt <- (b * x) -(x^3) / 3 + 2 * b * sqrt(b) / 3
  rslt
}


#random number
rquad <- function(n){
  b <- 0.75^(1 / 3)
  u <- runif(n)
  theta <- atan(2 * sqrt(u - u * u) / (1 - 2 * u))
  index <- which( theta < 0)
  if (length(index) > 0)
    theta[index] <- theta[index] + pi
  sqrt(3.0) * sin(theta / 3) - cos(theta / 3) * b
}
```

─── 平方根分布 ───

```
# pdf
dsqrt <- function(x){
  if (x < 0)
    0
  else
    if (x > exp(log(2.125) / 3))
      0
    else
      sqrt(x)
}
# cdf
psqrt <- function(x){
  if (x < 0)
    0
  else
    if(x > exp(log(2.125) / 3))
      1
    else (2 * sqrt(x^3) / 3)
}
#random number
rsqrt <- function(n)
  exp(2 * log(3 * runif(n) / 2) / 3)
```

A.2 多変量正規乱数

分散共分散行列 covmat を与えて，平均ベクトル 0 の正規分布に従う乱数を n 個発生する．

数学的には正定値対称行列である分散共分散行列 Σ をコレスキー分解 (Choleski decomposition) し

$$\Sigma = L^T L \tag{A.2}$$

とし，$N(\mathbf{0}, I)$ に従う無相関な p 変量正規乱数 $\mathbf{z} = (z_1, z_2, \cdots, z_p)^T$ を L に乗じればよい．すなわち，

$$\mathbf{z} \sim N(\mathbf{0}, I) \Longrightarrow \mathbf{x} = \mathbf{z}L \sim N(\mathbf{0}, \Sigma) \tag{A.3}$$

という性質を用いる．

```
normalprand <- function(n, covmat){
  p <- ncol(covmat)
  np <- n * p
  L <- chol(covmat)
  Z <- sapply(rep(n, p), rnorm)
  Z %*% L
}
```

A.3 平均と中央値

14 ページで使用した関数をここに載せておく。なお，このプログラムは，http://www.mikawaya.to/appstat/ からダウンロードできる。

```
bxmousedown <- function(buttons, x, y) {
  yn <- ""
  bb <- 1 - (par("mai")[2] + par("pin")[1] / 1.08 * 0.04) /
   par("din")[1] - (par("mai")[4] + par("pin")[1] / 1.08 * 0.04)
   /par("din")[1]
  x <- (x - (par("mai")[2] + par("pin")[1] / 1.08 * 0.04)
   / par("din")[1]) / bb
switch(buttons + 1,
  {
    if((x >= -0.04) && (x <= 1.04) && (par("plt")[3] < y)
      && (par("plt")[4] > y)){
      plot.new()
      plot(seq(0, 1, by = 0.1), seq(0, 1.5, by = 0.15),
       type = 'n', xlab = "", ylab = "")
      lines(c(-0.04, 1.04), c(0.5, 0.5))
      points(iboxpoint, rep(0.52, length(iboxpoint)))
      iboxpoint <<- c(iboxpoint, x)
      boxplot(iboxpoint, add = T, horizontal = T)
      arrows(mean(iboxpoint), 0.80, mean(iboxpoint), 0.52,
       col = 2, length = 0.1)
      arrows(median(iboxpoint), 0.80, median(iboxpoint),
       0.52, col = 3, length = 0.1)
      points(x, 0.52, col = 2)
      NULL
    } else
    {
      yn <- winDialog(type = "yesno", "Do you want to finish?")
      if(yn == "NO")
        NULL
      if(yn == "YES")
        ""
    }
  },
  {
    NULL
  },
  {
    if((x >= -0.04) && (x <= 1.04) &&
      (par("plt")[3] < y) && (par("plt")[4] > y)){
      plot.new()
      plot(seq(0, 1, by = 0.1), seq(0, 1.5, by = 0.15),
       type = 'n', xlab = "", ylab = "")
      lines(c(-0.04, 1.04), c(0.5, 0.5))
      delp <- min(abs(iboxpoint - x))
      odelp <- (1:length(iboxpoint))[rank(abs(iboxpoint - x)) == 1]
      if(delp < 0.02){
        iboxpoint <<- iboxpoint[-c(odelp)]
      }
        boxplot(iboxpoint, add = T, horizontal = T)
        points(iboxpoint, rep(0.52, length(iboxpoint)))
        arrows(mean(iboxpoint), 0.80, mean(iboxpoint),
         0.52, col = 2, length = 0.1)
        arrows(median(iboxpoint), 0.80, median(iboxpoint), 0.52,
         col = 3, length = 0.1)
        NULL
    }
    else
    {
      NULL
    }
  })
}
```

```
boxplot.app <- function(){
  iboxpoint <<- c()
  cat("Click on left, right, top or buttom margin to quit. ¥n")
  plot(seq(0, 1, by = 0.1), seq(0, 1.5, by = 0.15),
    type = 'n', xlab = "", ylab = "")
  lines(c(-0.04, 1.04), c(.5, .5))
  getGraphicsEvent("", onMouseDown = bxmousedown)
}
```

A.4 中心極限定理

96 ページで紹介した関数をここに載せておく。なお，このプログラムは，http://www.mikawaya.to/appstat/ からダウンロードできる。

```
clt.app.rand <- function(nc, nsim, clt.rslt.mat, rdist){
  result.tmp <- matrix(sapply(rep(1, nsim), rdist), 1, nsim)
  if(nc == 1)
    clt.rslt.mat[1,] <- result.tmp
  else
    clt.rslt.mat <- rbind(clt.rslt.mat, result.tmp)
  clt.rslt.m <- apply(clt.rslt.mat, 2, mean)
  clt.app.plot(clt.rslt.m, nc)
  clt.rslt.mat
}
clt.a <- function(nc, rdist){
  if (options()$device == "X11")
    X11()
  if (options()$device == "windows")
    win.graph()
  clt.rslt.mat <- matrix(rep(1, nsim), 1, nsim)
  nc <- nrow(clt.rslt.mat)
  clt.rslt.mat <- clt.app.rand(nc, nsim, clt.rslt.mat, rdist)
}
clt.app.plot <- function(data, nc){
  hist(scale(data), nclass = 20, xlim = c(-4, 4),
    ylim = c(0, 0.5), freq = F, main = paste("N =" , nc))
  curve(dnorm, -4, 4, col = 2, add = T)
}
```

```
cltmousedown <- function(buttons, x, y) {
switch(buttons + 1,
  {
    nc <<- nc + 1
    clt.rslt.mat <<- rbind(clt.rslt.mat,
    matrix(sapply(rep(1, nsim), rdist), 1, nsim))
    clt.rslt.m <- apply(clt.rslt.mat, 2, mean)
    clt.app.plot(clt.rslt.m, nc)
  }
  ,{
    "Finish!"
  },
  {
    nc <<- nc - 1
    if(nc == 0){
      winDialog("ok", "n == 0")
      nc <<- nc + 1
      NULL
    }
    else {
      n1 <- nrow(clt.rslt.mat)
      clt.rslt.mat <<- clt.rslt.mat[-c(n1),]
      if (nc == 1)
        clt.rslt.mat <<- t(clt.rslt.mat)
      clt.rslt.m <- apply(clt.rslt.mat, 2, mean)
      clt.app.plot(clt.rslt.m, nc)
    }
  })
}
clt.app <- function(rdist){
  if (options()$device == "X11")
    X11()
  if (options()$device == "windows")
    win.graph()
  nc <<- 1
  rdist <<- rdist
  clt.rslt.mat <<- matrix(sapply(rep(1, nsim), rdist), 1, nsim)
  clt.rslt.m <- apply(clt.rslt.mat, 2, mean)
  clt.app.plot(clt.rslt.m, nc)
  getGraphicsEvent("", onMouseDown = cltmousedown)
}
```

A.5 主な UNIX コマンド

UNIX システムで R を使う場合に，最低限必要な UNIX のコマンドについて簡単に解説する．Windows や Mac で使う場合には読み飛ばしてさしつかえない．

A.5.1　ls (list specific)

　指定のディレクトリの下にあるファイル名などの一覧を表示する。ディレクトリを指定しない場合は，「現在のディレクトリ」(current directory) の下の情報を表示する。ファイル名を忘れたときなどに用いる。

```
ls [ディレクトリ名]
```

オプション
　　l　longフォームで表示。作成日，アトリビュートを含め全情報を表示する。
　　a　all。ファイル名の先頭に「.」が付いている「.ファイル」を含め全ファイルを表示する。

A.5.2　cd (change directory, current directory)

　現在のディレクトリを指定のディレクトリへ変更する。ディレクトリ名を省略すると「ホームディレクトリ」へ変更する。

```
cd [ディレクトリ名]
```

A.5.3　mkdir (make directory)

　現在のディレクトリの下にディレクトリを作成する。

```
mkdir 新ディレクトリ名
```

A.5.4　cp (copy)

　ファイルを複製（コピー）する。

```
cp 既存ファイル名 新規ファイル名

    既存ファイル名 複製したいファイルの名前
    新規ファイル名 コピーしたものに付ける新しい名前
```

A.5.5 rm (remove)

不用ファイルを削除する。指定のファイルを削除する。ファイル名には ? や * などのワイルドカードも利用できる。

```
rm ファイル名
```

A.5.6 mv (move)

ファイル名を変更する。ファイルの移動。

```
mv 既存ファイル名 新規ファイル名

    既存ファイル名   現在のファイルの名前
    新規ファイル名   変更後の新しい名前
```

A.5.7 chmod (change mode)

ファイルの使用許可を変更する。変更できるのは、そのファイルの所有者のみ。

```
chmod モード ファイル名
```

ファイル名　使用許可（パーミッション）を変更したいファイル名を指定する。

モード　使用許可の種類を指定する。絶対指定と、シンボリック指定の2つの指定方法がある。

絶対指定　ファイルの所有者（本人）(owner)、自分の仲間（同じグループ）(group)、その他の人々(other) に対して、許可条件（パーミッション）を8進数で指示する。

　　　　4(r) 読み込み可能
　　　　2(w) 書き込み可能
　　　　1(x) 実行可能，ディレクトリについてはその下のファイル名の表示可能

　　例:

- $7 = 4+2+1 =$ rwx そのファイル（ディレクトリ）にすべての操作を許可する。
- $4 = 4+0+0 =$ r-- そのファイルの読み込みだけを許可する。
- $5 = 4+0+1 =$ r-x そのファイルに書き込み以外を許可する。

例：これを owner, group, other について指示する。

- `chmod 754 file1` file1 に所有者は何でも可，同一グループの仲間には読み込み，実行可，その他の人には実行のみ許す。
- `chmod 700 file2` file2 には他の人は何の操作できないようにする。

シンボリック指定 上の指定を変更する内容だけを指定する。シンボリックは
 who op permission
という形式で指定する。

 who 誰に対する変更かを 1 文字で指定する。u: user, g: group, o: other a: user, group, other の全員。

 op 許可するか (+)，許可を取り消すか (-) を指定する。

 permission 許可，不許可の種類を 1 文字で指定する。r: read, w: write, x: execute。

 例：
  chmod g+w file1 グループには file1 への書き込みを可能にする。
  chmod o-w file2 他人には file2 への書き込みを不許可にする。

A.5.8 passwd

ログイン・パスワードを変更する。

```
passwd
```

```
% passwd
passwd: Changing password for XXXX    <== XXXX はログイン名
Enter login password:                 <== 現在のパスワードを入力（非表示）
New password:                         <== 新しいパスワードを入力
Re-enter new password:                <== チェックのために再度新パスワード
They don't match; try again.          <== 2回の新パスワードが一致しない
New password:                         <== 新しいパスワードを入力
Re-enter new password:                <== チェックのために再度新パスワード
%                                     <== プロンプトが表示されたら変更済み
```

A.5.9 more

ファイルの内容の表示。

```
more ファイル名
```

A.5.10　リダイレクト（標準入力・出力の切り替え）

　コマンドを実行したとき，画面に表示されるテキスト（標準出力）を指定のファイルにしたり，コマンド実行時にキーボードから入力するデータ（標準入力）を指定のファイルにすることを「リダイレクト」(redirect) という．

```
コマンド名 > 出力ファイル名
コマンド名 < 入力ファイル名
コマンド名 < 入力ファイル名 > 出力ファイル名
```

A.6　各種図・表の作成プログラム

A.6.1　図 4.6

―― 図 4.6 を描くプログラム ――

```
mh <- mean(bodydata[,1])
minh <- min(bodydata[,1])
maxh <- max(bodydata[,1])
mw <- mean(bodydata[,2])
minw <- min(bodydata[,2])
maxw <- max(bodydata[,2])
plot(height, weight, xlab = "height", ylab = "weight")
lines(c(mh, mh), c((minw * (0.9)),(maxw * (1.1))))
lines(c((minh * (0.9)), (maxh * (1.1))), c(mw, mw))
text(155, 45, labels = "I")
text(148, 45, labels = "II")
text(148, 38, labels = "III")
text(155, 38, labels = "IV")
```

A.6.2　図 7.1, 図 7.2

―― 図 7.1, 図 7.2 を描くプログラム ――

```
> curve(dnorm, -4, 6)
> lines(c(2, 2), c(0, dnorm(2)),col = 2)


> dnorm2 <- function(x) dnorm(x, mean = 2)
> curve(dnorm2, -4, 6)
> lines(c(2, 2), c(0, dnorm2(2)), col = 2)
```

A.6.3 共通一次試験総合得点（昭和 55 年）の分布

現在の「大学入試センター試験」の前身である「国立大学共通一次試験」の昭和 55 年の総合得点の分布が朝日新聞に発表されたのは昭和 55 年 2 月 6 日であった。得点は 920 点から 241 点の間を 10 点刻みで，その点数以上の受験者が何人いるかを示す（点数の高い方からの）「累積度数分布表」の形式で与えられた。その人数も 100 人単位に丸められた度数である。240 点以下，ならびに 921 点以上については何も公表されていない。ちなみに現在の大学入試センター試験とは異なり，共通一次試験は全科目の受験が必須で，1000 点満点である。平均点は 617.36 点，標準偏差 128.11 点と別途公表されている。

選抜に用いる入学試験の成績という意味では，点数の高い方からの累積度数分布表でよいが，表 A.1 では見慣れた小さな値の方からの「度数分布表」にまとめ直している。ヒストグラムは 12 ページの図 3.3 の通り，左にいくらか偏った分布になっている。

この公表された 333,000 人の度数分布表は杉浦成昭氏（当時筑波大学）が細かく分析を行っている。

表 A.1 共通一次試験総合得点（昭和 55 年）

得点	度数	得点	度数	得点	度数	得点	度数
241–250	300	411–420	3300	581–590	9300	751–760	6900
251–260	300	421–430	3300	591–600	9300	761–770	6600
261–270	300	431–440	3900	601–610	9600	771–780	6000
271–280	300	441–450	3900	611–620	9900	781–790	5400
281–290	600	451–460	4500	621–630	9900	791–800	4800
291–300	600	461–470	4800	631–640	10200	801–810	4200
301–310	900	471–480	5100	641–650	10200	811–820	3900
311–320	900	481–490	5400	651–660	9900	821–830	3300
321–330	1200	491–500	5700	661–670	9900	831–840	2700
331–340	1200	501–510	6300	671–680	9900	841–850	2100
341–350	1500	511–520	6600	681–690	9600	851–860	1800
351–360	1800	521–530	6900	691–700	9300	861–870	1200
361–370	2100	531–540	7500	701–710	9300	871–880	900
371–380	2400	541–550	7500	711–720	8700	881–890	600
381–390	2400	551–560	8100	721–730	8400	891–900	600
391–400	2700	561–570	8700	731–740	7800	901–910	300
401–410	3000	571–580	8700	741–750	7500	911–920	300

A.6.4　年間所得分布

12 ページの図 3.4 は国税庁のホームページ[1]よりダウンロードしたデータを変換したもので，平成 9 年の「民間給与実態調査」の男性のデータである（表 A.2）。

表 A.2　民間給与実態統計調査（平成 9 年）

万円超え	万円以下	男性（千人）	女性（千人）
	100	686	2639
100	200	1178	3638
200	300	2311	4121
300	400	4504	3223
400	500	5176	1474
500	600	4253	721
600	700	3088	332
700	800	2291	195
800	900	1576	107
900	1000	1049	71
1000	1500	1983	105
1500	2000	376	18
2000		141	8
合計		28612	16652

---

[1] http://www.nta.go.jp/

付　　録 B

数表

表 B.1 正規分布表

	0.00	0.01	0.02	0.03	0.04	0.05	0.06	0.07	0.08	0.09
0.0	0.5000	0.5040	0.5080	0.5120	0.5160	0.5199	0.5239	0.5279	0.5319	0.5359
0.1	0.5398	0.5438	0.5478	0.5517	0.5557	0.5596	0.5636	0.5675	0.5714	0.5753
0.2	0.5793	0.5832	0.5871	0.5910	0.5948	0.5987	0.6026	0.6064	0.6103	0.6141
0.3	0.6179	0.6217	0.6255	0.6293	0.6331	0.6368	0.6406	0.6443	0.6480	0.6517
0.4	0.6554	0.6591	0.6628	0.6664	0.6700	0.6736	0.6772	0.6808	0.6844	0.6879
0.5	0.6915	0.6950	0.6985	0.7019	0.7054	0.7088	0.7123	0.7157	0.7190	0.7224
0.6	0.7257	0.7291	0.7324	0.7357	0.7389	0.7422	0.7454	0.7486	0.7517	0.7549
0.7	0.7580	0.7611	0.7642	0.7673	0.7704	0.7734	0.7764	0.7794	0.7823	0.7852
0.8	0.7881	0.7910	0.7939	0.7967	0.7995	0.8023	0.8051	0.8078	0.8106	0.8133
0.9	0.8159	0.8186	0.8212	0.8238	0.8264	0.8289	0.8315	0.8340	0.8365	0.8389
1.0	0.8413	0.8438	0.8461	0.8485	0.8508	0.8531	0.8554	0.8577	0.8599	0.8621
1.1	0.8643	0.8665	0.8686	0.8708	0.8729	0.8749	0.8770	0.8790	0.8810	0.8830
1.2	0.8849	0.8869	0.8888	0.8907	0.8925	0.8944	0.8962	0.8980	0.8997	0.9015
1.3	0.9032	0.9049	0.9066	0.9082	0.9099	0.9115	0.9131	0.9147	0.9162	0.9177
1.4	0.9192	0.9207	0.9222	0.9236	0.9251	0.9265	0.9279	0.9292	0.9306	0.9319
1.5	0.9332	0.9345	0.9357	0.9370	0.9382	0.9394	0.9406	0.9418	0.9429	0.9441
1.6	0.9452	0.9463	0.9474	0.9484	0.9495	0.9505	0.9515	0.9525	0.9535	0.9545
1.7	0.9554	0.9564	0.9573	0.9582	0.9591	0.9599	0.9608	0.9616	0.9625	0.9633
1.8	0.9641	0.9649	0.9656	0.9664	0.9671	0.9678	0.9686	0.9693	0.9699	0.9706
1.9	0.9713	0.9719	0.9726	0.9732	0.9738	0.9744	0.9750	0.9756	0.9761	0.9767
2.0	0.9772	0.9778	0.9783	0.9788	0.9793	0.9798	0.9803	0.9808	0.9812	0.9817
2.1	0.9821	0.9826	0.9830	0.9834	0.9838	0.9842	0.9846	0.9850	0.9854	0.9857
2.2	0.9861	0.9864	0.9868	0.9871	0.9875	0.9878	0.9881	0.9884	0.9887	0.9890
2.3	0.9893	0.9896	0.9898	0.9901	0.9904	0.9906	0.9909	0.9911	0.9913	0.9916
2.4	0.9918	0.9920	0.9922	0.9925	0.9927	0.9929	0.9931	0.9932	0.9934	0.9936
2.5	0.9938	0.9940	0.9941	0.9943	0.9945	0.9946	0.9948	0.9949	0.9951	0.9952
2.6	0.9953	0.9955	0.9956	0.9957	0.9959	0.9960	0.9961	0.9962	0.9963	0.9964
2.7	0.9965	0.9966	0.9967	0.9968	0.9969	0.9970	0.9971	0.9972	0.9973	0.9974
2.8	0.9974	0.9975	0.9976	0.9977	0.9977	0.9978	0.9979	0.9979	0.9980	0.9981
2.9	0.9981	0.9982	0.9982	0.9983	0.9984	0.9984	0.9985	0.9985	0.9986	0.9986
3.0	0.9987	0.9987	0.9987	0.9988	0.9988	0.9989	0.9989	0.9989	0.9990	0.9990
3.1	0.9990	0.9991	0.9991	0.9991	0.9992	0.9992	0.9992	0.9992	0.9993	0.9993
3.2	0.9993	0.9993	0.9994	0.9994	0.9994	0.9994	0.9994	0.9995	0.9995	0.9995
3.3	0.9995	0.9995	0.9995	0.9996	0.9996	0.9996	0.9996	0.9996	0.9996	0.9997
3.4	0.9997	0.9997	0.9997	0.9997	0.9997	0.9997	0.9997	0.9997	0.9997	0.9998

表 B.2 χ^2 分布表（上側確率ポイント）

df	0.995	0.99	0.975	0.95	0.9	0.1	0.05	0.025	0.01	0.005
1	0.00	0.00	0.00	0.00	0.02	2.71	3.84	5.02	6.63	7.88
2	0.01	0.02	0.05	0.10	0.21	4.61	5.99	7.38	9.21	10.60
3	0.07	0.11	0.22	0.35	0.58	6.25	7.81	9.35	11.34	12.84
4	0.21	0.30	0.48	0.71	1.06	7.78	9.49	11.14	13.28	14.86
5	0.41	0.55	0.83	1.15	1.61	9.24	11.07	12.83	15.09	16.75
6	0.68	0.87	1.24	1.64	2.20	10.64	12.59	14.45	16.81	18.55
7	0.99	1.24	1.69	2.17	2.83	12.02	14.07	16.01	18.48	20.28
8	1.34	1.65	2.18	2.73	3.49	13.36	15.51	17.53	20.09	21.95
9	1.73	2.09	2.70	3.33	4.17	14.68	16.92	19.02	21.67	23.59
10	2.16	2.56	3.25	3.94	4.87	15.99	18.31	20.48	23.21	25.19
11	2.60	3.05	3.82	4.57	5.58	17.28	19.68	21.92	24.72	26.76
12	3.07	3.57	4.40	5.23	6.30	18.55	21.03	23.34	26.22	28.30
13	3.57	4.11	5.01	5.89	7.04	19.81	22.36	24.74	27.69	29.82
14	4.07	4.66	5.63	6.57	7.79	21.06	23.68	26.12	29.14	31.32
15	4.60	5.23	6.26	7.26	8.55	22.31	25.00	27.49	30.58	32.80
16	5.14	5.81	6.91	7.96	9.31	23.54	26.30	28.85	32.00	34.27
17	5.70	6.41	7.56	8.67	10.09	24.77	27.59	30.19	33.41	35.72
18	6.26	7.01	8.23	9.39	10.86	25.99	28.87	31.53	34.81	37.16
19	6.84	7.63	8.91	10.12	11.65	27.20	30.14	32.85	36.19	38.58
20	7.43	8.26	9.59	10.85	12.44	28.41	31.41	34.17	37.57	40.00
22	8.64	9.54	10.98	12.34	14.04	30.81	33.92	36.78	40.29	42.80
24	9.89	10.86	12.40	13.85	15.66	33.20	36.42	39.36	42.98	45.56
26	11.16	12.20	13.84	15.38	17.29	35.56	38.89	41.92	45.64	48.29
28	12.46	13.56	15.31	16.93	18.94	37.92	41.34	44.46	48.28	50.99
30	13.79	14.95	16.79	18.49	20.60	40.26	43.77	46.98	50.89	53.67
40	20.71	22.16	24.43	26.51	29.05	51.81	55.76	59.34	63.69	66.77
50	27.99	29.71	32.36	34.76	37.69	63.17	67.50	71.42	76.15	79.49
60	35.53	37.48	40.48	43.19	46.46	74.40	79.08	83.30	88.38	91.95
70	43.28	45.44	48.76	51.74	55.33	85.53	90.53	95.02	100.43	104.21
80	51.17	53.54	57.15	60.39	64.28	96.58	101.88	106.63	112.33	116.32
90	59.20	61.75	65.65	69.13	73.29	107.57	113.15	118.14	124.12	128.30
100	67.33	70.06	74.22	77.93	82.36	118.50	124.34	129.56	135.81	140.17
110	75.55	78.46	82.87	86.79	91.47	129.39	135.48	140.92	147.41	151.95
120	83.85	86.92	91.57	95.70	100.62	140.23	146.57	152.21	158.95	163.65

表 B.3 t 分布表（上側確率ポイント）

df	0.1	0.05	0.025	0.01	0.005
1	3.0777	6.3138	12.7062	31.8205	63.6567
2	1.8856	2.9200	4.3027	6.9646	9.9248
3	1.6377	2.3534	3.1824	4.5407	5.8409
4	1.5332	2.1318	2.7764	3.7469	4.6041
5	1.4759	2.0150	2.5706	3.3649	4.0321
6	1.4398	1.9432	2.4469	3.1427	3.7074
7	1.4149	1.8946	2.3646	2.9980	3.4995
8	1.3968	1.8595	2.3060	2.8965	3.3554
9	1.3830	1.8331	2.2622	2.8214	3.2498
10	1.3722	1.8125	2.2281	2.7638	3.1693
11	1.3634	1.7959	2.2010	2.7181	3.1058
12	1.3562	1.7823	2.1788	2.6810	3.0545
13	1.3502	1.7709	2.1604	2.6503	3.0123
14	1.3450	1.7613	2.1448	2.6245	2.9768
15	1.3406	1.7531	2.1314	2.6025	2.9467
16	1.3368	1.7459	2.1199	2.5835	2.9208
17	1.3334	1.7396	2.1098	2.5669	2.8982
18	1.3304	1.7341	2.1009	2.5524	2.8784
19	1.3277	1.7291	2.0930	2.5395	2.8609
20	1.3253	1.7247	2.0860	2.5280	2.8453
22	1.3212	1.7171	2.0739	2.5083	2.8188
24	1.3178	1.7109	2.0639	2.4922	2.7969
26	1.3150	1.7056	2.0555	2.4786	2.7787
28	1.3125	1.7011	2.0484	2.4671	2.7633
30	1.3104	1.6973	2.0423	2.4573	2.7500
40	1.3031	1.6839	2.0211	2.4233	2.7045
50	1.2987	1.6759	2.0086	2.4033	2.6778
60	1.2958	1.6706	2.0003	2.3901	2.6603
70	1.2938	1.6669	1.9944	2.3808	2.6479
80	1.2922	1.6641	1.9901	2.3739	2.6387
90	1.2910	1.6620	1.9867	2.3685	2.6316
100	1.2901	1.6602	1.9840	2.3642	2.6259
110	1.2893	1.6588	1.9818	2.3607	2.6213
120	1.2886	1.6577	1.9799	2.3578	2.6174
∞	1.2816	1.6449	1.9600	2.3263	2.5758

表 B.4 F 分布表（上側確率 0.05 ポイント）

	1	2	3	4	5	6	7	8	9	10
1	161.45	199.50	215.71	224.58	230.16	233.99	236.77	238.88	240.54	241.88
2	18.51	19.00	19.16	19.25	19.30	19.33	19.35	19.37	19.38	19.40
3	10.128	9.552	9.277	9.117	9.013	8.941	8.887	8.845	8.812	8.786
4	7.709	6.944	6.591	6.388	6.256	6.163	6.094	6.041	5.999	5.964
5	6.608	5.786	5.409	5.192	5.050	4.950	4.876	4.818	4.772	4.735
6	5.987	5.143	4.757	4.534	4.387	4.284	4.207	4.147	4.099	4.060
7	5.591	4.737	4.347	4.120	3.972	3.866	3.787	3.726	3.677	3.637
8	5.318	4.459	4.066	3.838	3.687	3.581	3.500	3.438	3.388	3.347
9	5.117	4.256	3.863	3.633	3.482	3.374	3.293	3.230	3.179	3.137
10	4.965	4.103	3.708	3.478	3.326	3.217	3.135	3.072	3.020	2.978
11	4.844	3.982	3.587	3.357	3.204	3.095	3.012	2.948	2.896	2.854
12	4.747	3.885	3.490	3.259	3.106	2.996	2.913	2.849	2.796	2.753
13	4.667	3.806	3.411	3.179	3.025	2.915	2.832	2.767	2.714	2.671
14	4.600	3.739	3.344	3.112	2.958	2.848	2.764	2.699	2.646	2.602
15	4.543	3.682	3.287	3.056	2.901	2.790	2.707	2.641	2.588	2.544
16	4.494	3.634	3.239	3.007	2.852	2.741	2.657	2.591	2.538	2.494
17	4.451	3.592	3.197	2.965	2.810	2.699	2.614	2.548	2.494	2.450
18	4.414	3.555	3.160	2.928	2.773	2.661	2.577	2.510	2.456	2.412
19	4.381	3.522	3.127	2.895	2.740	2.628	2.544	2.477	2.423	2.378
20	4.351	3.493	3.098	2.866	2.711	2.599	2.514	2.447	2.393	2.348
21	4.325	3.467	3.072	2.840	2.685	2.573	2.488	2.420	2.366	2.321
22	4.301	3.443	3.049	2.817	2.661	2.549	2.464	2.397	2.342	2.297
23	4.279	3.422	3.028	2.796	2.640	2.528	2.442	2.375	2.320	2.275
24	4.260	3.403	3.009	2.776	2.621	2.508	2.423	2.355	2.300	2.255
25	4.242	3.385	2.991	2.759	2.603	2.490	2.405	2.337	2.282	2.236
26	4.225	3.369	2.975	2.743	2.587	2.474	2.388	2.321	2.265	2.220
27	4.210	3.354	2.960	2.728	2.572	2.459	2.373	2.305	2.250	2.204
28	4.196	3.340	2.947	2.714	2.558	2.445	2.359	2.291	2.236	2.190
29	4.183	3.328	2.934	2.701	2.545	2.432	2.346	2.278	2.223	2.177
30	4.171	3.316	2.922	2.690	2.534	2.421	2.334	2.266	2.211	2.165
40	4.085	3.232	2.839	2.606	2.449	2.336	2.249	2.180	2.124	2.077
60	4.001	3.150	2.758	2.525	2.368	2.254	2.167	2.097	2.040	1.993
120	3.920	3.072	2.680	2.447	2.290	2.175	2.087	2.016	1.959	1.910
∞	3.841	2.996	2.605	2.372	2.214	2.099	2.010	1.938	1.880	1.831

表 B.5　F 分布表（上側確率 0.05 ポイント）つづき

	12	15	20	24	30	40	60	120	∞
1	243.91	245.95	248.01	249.05	250.10	251.14	252.20	253.25	254.31
2	19.41	19.43	19.45	19.45	19.46	19.47	19.48	19.49	19.50
3	8.745	8.703	8.660	8.639	8.617	8.594	8.572	8.549	8.526
4	5.912	5.858	5.803	5.774	5.746	5.717	5.688	5.658	5.628
5	4.678	4.619	4.558	4.527	4.496	4.464	4.431	4.398	4.365
6	4.000	3.938	3.874	3.841	3.808	3.774	3.740	3.705	3.669
7	3.575	3.511	3.445	3.410	3.376	3.340	3.304	3.267	3.230
8	3.284	3.218	3.150	3.115	3.079	3.043	3.005	2.967	2.928
9	3.073	3.006	2.936	2.900	2.864	2.826	2.787	2.748	2.707
10	2.913	2.845	2.774	2.737	2.700	2.661	2.621	2.580	2.538
11	2.788	2.719	2.646	2.609	2.570	2.531	2.490	2.448	2.404
12	2.687	2.617	2.544	2.505	2.466	2.426	2.384	2.341	2.296
13	2.604	2.533	2.459	2.420	2.380	2.339	2.297	2.252	2.206
14	2.534	2.463	2.388	2.349	2.308	2.266	2.223	2.178	2.131
15	2.475	2.403	2.328	2.288	2.247	2.204	2.160	2.114	2.066
16	2.425	2.352	2.276	2.235	2.194	2.151	2.106	2.059	2.010
17	2.381	2.308	2.230	2.190	2.148	2.104	2.058	2.011	1.960
18	2.342	2.269	2.191	2.150	2.107	2.063	2.017	1.968	1.917
19	2.308	2.234	2.155	2.114	2.071	2.026	1.980	1.930	1.878
20	2.278	2.203	2.124	2.082	2.039	1.994	1.946	1.896	1.843
21	2.250	2.176	2.096	2.054	2.010	1.965	1.916	1.866	1.812
22	2.226	2.151	2.071	2.028	1.984	1.938	1.889	1.838	1.783
23	2.204	2.128	2.048	2.005	1.961	1.914	1.865	1.813	1.757
24	2.183	2.108	2.027	1.984	1.939	1.892	1.842	1.790	1.733
25	2.165	2.089	2.007	1.964	1.919	1.872	1.822	1.768	1.711
26	2.148	2.072	1.990	1.946	1.901	1.853	1.803	1.749	1.691
27	2.132	2.056	1.974	1.930	1.884	1.836	1.785	1.731	1.672
28	2.118	2.041	1.959	1.915	1.869	1.820	1.769	1.714	1.654
29	2.104	2.027	1.945	1.901	1.854	1.806	1.754	1.698	1.638
30	2.092	2.015	1.932	1.887	1.841	1.792	1.740	1.683	1.622
40	2.003	1.924	1.839	1.793	1.744	1.693	1.637	1.577	1.509
60	1.917	1.836	1.748	1.700	1.649	1.594	1.534	1.467	1.389
120	1.834	1.750	1.659	1.608	1.554	1.495	1.429	1.352	1.254
∞	1.752	1.666	1.571	1.517	1.459	1.394	1.318	1.221	1.000

表 B.6　F 分布表（上側確率 0.01 ポイント）

	1	2	3	4	5	6	7	8	9	10
1	4052.2	4999.5	5403.4	5624.6	5763.6	5859.0	5928.4	5981.1	6022.5	6055.8
2	98.50	99.00	99.17	99.25	99.30	99.33	99.36	99.37	99.39	99.40
3	34.12	30.82	29.46	28.71	28.24	27.91	27.67	27.49	27.35	27.23
4	21.20	18.00	16.69	15.98	15.52	15.21	14.98	14.80	14.66	14.55
5	16.26	13.27	12.06	11.39	10.97	10.67	10.46	10.29	10.16	10.05
6	13.745	10.925	9.780	9.148	8.746	8.466	8.260	8.102	7.976	7.874
7	12.246	9.547	8.451	7.847	7.460	7.191	6.993	6.840	6.719	6.620
8	11.259	8.649	7.591	7.006	6.632	6.371	6.178	6.029	5.911	5.814
9	10.561	8.022	6.992	6.422	6.057	5.802	5.613	5.467	5.351	5.257
10	10.044	7.559	6.552	5.994	5.636	5.386	5.200	5.057	4.942	4.849
11	9.646	7.206	6.217	5.668	5.316	5.069	4.886	4.744	4.632	4.539
12	9.330	6.927	5.953	5.412	5.064	4.821	4.640	4.499	4.388	4.296
13	9.074	6.701	5.739	5.205	4.862	4.620	4.441	4.302	4.191	4.100
14	8.862	6.515	5.564	5.035	4.695	4.456	4.278	4.140	4.030	3.939
15	8.683	6.359	5.417	4.893	4.556	4.318	4.142	4.004	3.895	3.805
16	8.531	6.226	5.292	4.773	4.437	4.202	4.026	3.890	3.780	3.691
17	8.400	6.112	5.185	4.669	4.336	4.102	3.927	3.791	3.682	3.593
18	8.285	6.013	5.092	4.579	4.248	4.015	3.841	3.705	3.597	3.508
19	8.185	5.926	5.010	4.500	4.171	3.939	3.765	3.631	3.523	3.434
20	8.096	5.849	4.938	4.431	4.103	3.871	3.699	3.564	3.457	3.368
21	8.017	5.780	4.874	4.369	4.042	3.812	3.640	3.506	3.398	3.310
22	7.945	5.719	4.817	4.313	3.988	3.758	3.587	3.453	3.346	3.258
23	7.881	5.664	4.765	4.264	3.939	3.710	3.539	3.406	3.299	3.211
24	7.823	5.614	4.718	4.218	3.895	3.667	3.496	3.363	3.256	3.168
25	7.770	5.568	4.675	4.177	3.855	3.627	3.457	3.324	3.217	3.129
26	7.721	5.526	4.637	4.140	3.818	3.591	3.421	3.288	3.182	3.094
27	7.677	5.488	4.601	4.106	3.785	3.558	3.388	3.256	3.149	3.062
28	7.636	5.453	4.568	4.074	3.754	3.528	3.358	3.226	3.120	3.032
29	7.598	5.420	4.538	4.045	3.725	3.499	3.330	3.198	3.092	3.005
30	7.562	5.390	4.510	4.018	3.699	3.473	3.304	3.173	3.067	2.979
40	7.314	5.179	4.313	3.828	3.514	3.291	3.124	2.993	2.888	2.801
60	7.077	4.977	4.126	3.649	3.339	3.119	2.953	2.823	2.718	2.632
120	6.851	4.787	3.949	3.480	3.174	2.956	2.792	2.663	2.559	2.472
∞	6.635	4.605	3.782	3.319	3.017	2.802	2.639	2.511	2.407	2.321

表 B.7 F 分布表（上側確率 0.01 ポイント）つづき

	12	15	20	24	30	40	60	120	∞
1	6106.3	6157.3	6208.7	6234.6	6260.6	6286.8	6313.0	6339.4	6365.9
2	99.42	99.43	99.45	99.46	99.47	99.47	99.48	99.49	99.50
3	27.05	26.87	26.69	26.60	26.50	26.41	26.32	26.22	26.13
4	14.37	14.20	14.02	13.93	13.84	13.75	13.65	13.56	13.46
5	9.89	9.72	9.55	9.47	9.38	9.29	9.20	9.11	9.02
6	7.718	7.559	7.396	7.313	7.229	7.143	7.057	6.969	6.880
7	6.469	6.314	6.155	6.074	5.992	5.908	5.824	5.737	5.650
8	5.667	5.515	5.359	5.279	5.198	5.116	5.032	4.946	4.859
9	5.111	4.962	4.808	4.729	4.649	4.567	4.483	4.398	4.311
10	4.706	4.558	4.405	4.327	4.247	4.165	4.082	3.996	3.909
11	4.397	4.251	4.099	4.021	3.941	3.860	3.776	3.690	3.602
12	4.155	4.010	3.858	3.780	3.701	3.619	3.535	3.449	3.361
13	3.960	3.815	3.665	3.587	3.507	3.425	3.341	3.255	3.165
14	3.800	3.656	3.505	3.427	3.348	3.266	3.181	3.094	3.004
15	3.666	3.522	3.372	3.294	3.214	3.132	3.047	2.959	2.868
16	3.553	3.409	3.259	3.181	3.101	3.018	2.933	2.845	2.753
17	3.455	3.312	3.162	3.084	3.003	2.920	2.835	2.746	2.653
18	3.371	3.227	3.077	2.999	2.919	2.835	2.749	2.660	2.566
19	3.297	3.153	3.003	2.925	2.844	2.761	2.674	2.584	2.489
20	3.231	3.088	2.938	2.859	2.778	2.695	2.608	2.517	2.421
21	3.173	3.030	2.880	2.801	2.720	2.636	2.548	2.457	2.360
22	3.121	2.978	2.827	2.749	2.667	2.583	2.495	2.403	2.305
23	3.074	2.931	2.781	2.702	2.620	2.535	2.447	2.354	2.256
24	3.032	2.889	2.738	2.659	2.577	2.492	2.403	2.310	2.211
25	2.993	2.850	2.699	2.620	2.538	2.453	2.364	2.270	2.169
26	2.958	2.815	2.664	2.585	2.503	2.417	2.327	2.233	2.131
27	2.926	2.783	2.632	2.552	2.470	2.384	2.294	2.198	2.097
28	2.896	2.753	2.602	2.522	2.440	2.354	2.263	2.167	2.064
29	2.868	2.726	2.574	2.495	2.412	2.325	2.234	2.138	2.034
30	2.843	2.700	2.549	2.469	2.386	2.299	2.208	2.111	2.006
40	2.665	2.522	2.369	2.288	2.203	2.114	2.019	1.917	1.805
60	2.496	2.352	2.198	2.115	2.028	1.936	1.836	1.726	1.601
120	2.336	2.192	2.035	1.950	1.860	1.763	1.656	1.533	1.381
∞	2.185	2.039	1.878	1.791	1.696	1.592	1.473	1.325	1.000

B.1 数表作成プログラム

B.1.1 正規分布表

───────── Table of Normal CDF ─────────

```
for(i in 0:34)
{
  cat(sprintf("%3.1f", i/10))
  for(j in 0:9){
    x <- (i * 10 + j) / 100
    y <- pnorm(x)
    cat(sprintf("%8.4f", y))
  }
  cat("\n")
}
```

───────── Table of Normal CDF for LaTeX ─────────

```
normaltable <- function(){
  cat("\\hline\n")
  for (j in 0:9)
    cat("&",sprintf("%3.2f", j/100))
  cat("\\\\\n\\hline\n")
  for(i in 0:34)
  {
    cat(sprintf("%3.1f", i/10))
    for(j in 0:9){
      x <-(i * 10 + j) / 100
      y <- pnorm(x)
      cat("&",sprintf("%8.4f", y))
    }
    cat("\\\\\n")
  }
  cat("\\hline\n")
}
```

B.1.2　χ^2 分布表

―― Table of χ^2-quantile for LaTeX ――

```
chisqtable <- function(){
  alpha <- c(0.995,0.99,0.975,0.95,0.9,0.1,0.05,0.025,0.01,0.005)
  plist <- 1 - alpha
  dflist <- c(1:20, 20 + 2 * (1:4), 10 * (3:12))
  cat("\\hline\n")
  cat("$df$")
  for (alp in alpha)
    cat("&", alp)
  cat("\\\\\n\\hline\n")
  for(df in dflist){
    cat(sprintf("%3d", df))
    for(p in plist)
      cat("&", sprintf("%6.2f", qchisq(p, df)))
    cat("\\\\\n")
  }
  cat("\\hline\n")
}
```

B.1.3　t 分布表

―― Table of t-quantile for LaTeX ――

```
ttable <- function(){
  alpha <- c(0.1, 0.05, 0.025, 0.01, 0.005)
  plist <- 1 - alpha
  dflist <- c(1:20, 20 + 2 * (1:4), 10 * (3:12))
  cat("\\hline\n")
  cat("$df$")
  for (alp in alpha)
    cat("&", alp)
  cat("\\\\\n\\hline\n")
  for(df in dflist){
    cat(sprintf("%4d", df))
    for(p in plist)
      cat("&", sprintf("%8.4f", qt(p, df)))
    cat("\\\\\n")
  }
  cat("$\\infty$")
  for(p in plist)
    cat("&", sprintf("%8.4f", qnorm(p)))
  cat("\\\\\n\\hline\n")
}
```

B.1.4 F 分布表

——————— Table of F-quantile for LaTeX ———————

```
ftable <- function(alpha){
  df1list <- c(1:10, 12, 15, 20, 24, 30, 40, 60, 120, Inf)
  df2list <- c(1:30, 40, 60, 120, Inf)
  cat("\\hline\n")
  for(df1 in df1list)
    if(is.finite(df1))
      cat("&", df1)
    else
      cat("&", "$\\infty$")
  cat("\\\\\n")
  cat("\\hline\n")
  for (df2 in df2list){
    if(is.finite(df2))
      cat(df2)
    else
      cat("$\\infty$")
    for(df1 in df1list){
      if (all(!is.finite(c(df1, df2))))
        fv <- 1
      else
        fv <- qf(1 - alpha, df1, df2)
      cat("&", sprintf("%6.4f", fv))
    }
    cat("\\\\\n")
  }
  cat("\\hline\n")
}
```

付　録 C

Rの最新版の入手法・各種情報の入手法

　Rのホームページは，http://www.r-project.org/である．ここから辿れば，Linux版，Macintosh版，Windows版などを得ることができる．

　日本語のWebページの中では，RjpWiki[1]で最新の情報や，その他さまざまな情報を得ることができる．また，インターネット上にもRに関する数多くの情報が増えてきている．

C.1　Windows版Rのインストール

1. Windowsを起動後，Rのホームページからダウンロードしてきた R-2.2.1-win32.exe をダブルクリックする．すると，次の画面（図 C.1）が現れるので「Japanese」を選択して「OK」をクリックする．

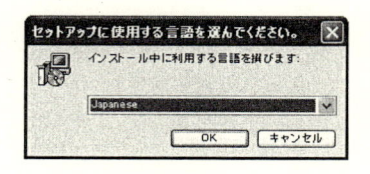

図 C.1

2. 「OK」を押した後，次の画面（図 C.2）になる．インストールを開始するために「次へ」をクリックする．

---

[1] http://www.okada.jp.org/RWiki/?RjpWiki

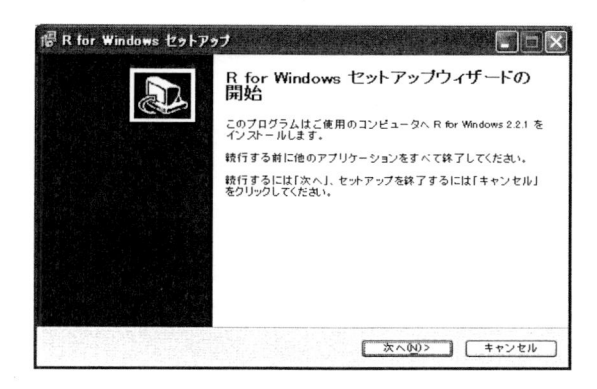

図 C.2

3. 「使用許諾契約書の同意」画面（図 C.3）が現れる。
内容をよく読み，同意できるならば「同意する」にチェックをいれ,「次へ」をクリックし，インストールを進める。同意できないならば，ここで「キャンセル」を押し，インストールを中止する。

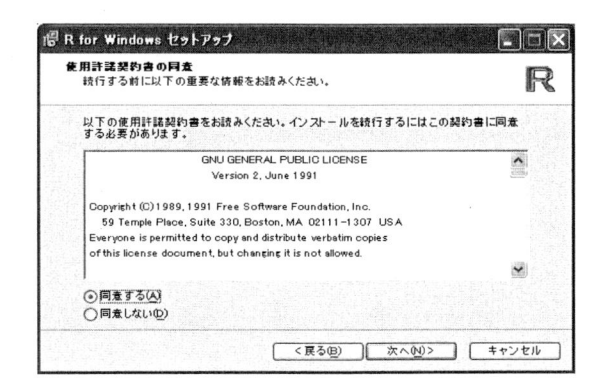

図 C.3

4. するとインストール先を指定する画面（図 C.4）が表示される。
通常はこのまま C:¥Program Files¥R¥R-2.2.1 でよいが，もしインストール先を変更したい場合は,「参照」ボタンを押し，インストール先を指定することが出来る。インストール先を指定したら,「次へ」をクリックする。

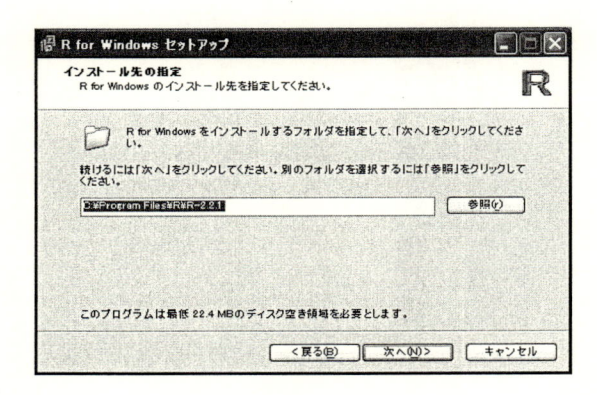

図 C.4

5. 次はコンポーネントの選択を行う画面（図 C.5）である。
ここでは，インストールするコンポーネントを選択できる。日本語環境で使用する場合は，「利用者向けインストール」と表示されているところを「中国語/日本語/韓国語向けインストール」に変更しよう。「version for East Asian languages」にチェックが入っているのを確認して，「次へ」をクリックする。

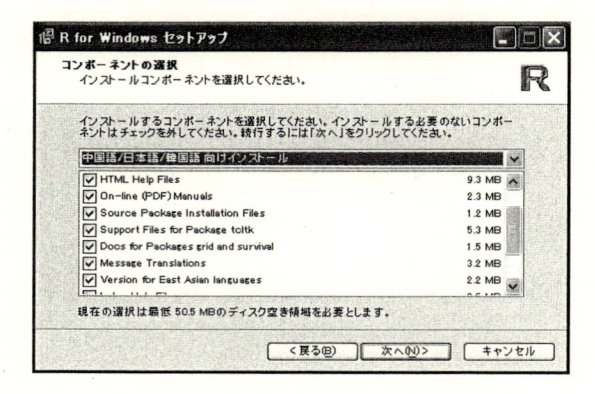

図 C.5

6. するとプログラムグループの指定の画面（図 C.6）が現れる。通常，特に変更する必要はないと思われるので，「次へ」をクリックする。

C.1. Windows 版 R のインストール

図 C.6

7. 次は，追加タスクの選択（図 C.7）である。
「デスクトップ上にアイコンを作成する」,「Quick Launch アイコンを作成する」,
「Save version number in registry」,「R を拡張子.RData」に関連付ける」とい
うオプションがある。
必要に応じてチェックを入れて「次へ」をクリックしよう。

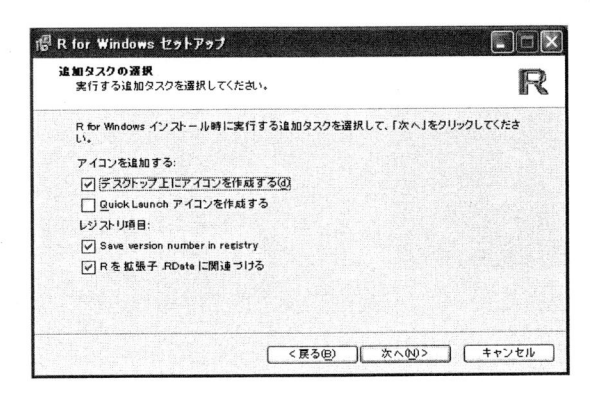

図 C.7

8. すると，インストールが始まる（図 C.8）。ここでは，少し時間がかかるので終わ
るまでしばらく待つ。

図 C.8

9. 図 C.9 が表示され,「完了」を押せばインストール終了である。
   あとはデスクトップにある「R 2.2.1」アイコンをダブルクリック,または「スタート」メニューの「R」から「R 2.2.1」をクリックすれば, R を起動できる。

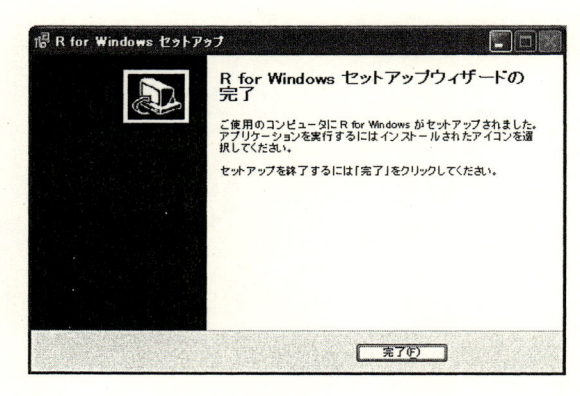

図 C.9

関連図書

[1] 杉浦成昭 (1980) 共通 1 次試験総合得点に対する分布のあてはめ, 応用統計学, Vol.9, 95-116.
[2] 杉浦成昭 (1981) 共通 1 次試験総合得点に対する分布のあてはめⅡ, 応用統計学, Vol.10, 39-52.
[3] 脇本・垂水・田中編 (1984)「パソコン統計解析ハンドブック Ⅰ. 基礎統計編」, 共立出版.
[4] 田中・垂水編 (1997)「Windows 版 統計解析ハンドブック 基礎統計」, 共立出版.
[5] 垂水共之 (1999)「Lisp-Stat による統計解析入門」共立出版.
[6] 竹村彰通 (1997)「統計」(共立講座 21 世紀の数学 14), 共立出版.
[7] 裏西・加納・河野・瀬口 (1963)「統計解析入門」, 廣川書店.
[8] 杉山高一 (1984)「統計学入門」, 絢文社.
[9] 渋谷・柴田 (1992)「S によるデータ解析」共立出版.
[10] 白旗慎吾 (1992)「統計解析入門」, 共立出版.
[11] 新村秀一 (1995)「パソコンによるデータ解析―統計ソフトを使いこなす」(ブルーバックス B-1095), 講談社.
[12] 永田靖 (1992)「入門 統計解析法」, 日科技連出版社.
[13] 柳川 堯 (1990)「統計数学」(現代数学ゼミナール 10), 近代科学社.
[14] 脇本和昌 (1984)「統計学―見方・考え方」, 日本評論社.
[15] 岡田昌史編 (2004)「The R Book―データ解析環境 R の活用事例集」, 九天社.
[16] 舟尾暢男編 (2005)「The R Tips―データ解析環境 R の基本技・グラフィックス活用集」, 九天社.

Web
RjpWiki http://www.okada.jp.org/RWiki/
R http://www.r-project.org/

索引

【記号・英字】
#, *7*
-, *6*
.Rdata, *8*
1 変量データの分析, *10*
2 変量正規分布, *79*
2 変量データの分析, *23*
3D プロット, *46*
3 次元散布, *46*
四分位範囲, *18*, *20*
5 数要約, *15*

abline, *32*
acceptance region, *118*
alternative hypothesis, *118*
append, *5*
apply, *73*, *92*
apropos, *53*
average, *13*

best liear unbised estimator, *103*
BLUE, *103*
boxplot, *17*, *46*
boxplot.app, *13*, *14*, *150*
boxplot.stats, *16*
bwplot, *29*

c, *4*
c, *5*

cat, *28*
CDF, *51*
Cholesky decomposition, *149*
clt.app, *96*, *151*
confidence interval, *107*
confidence value, *107*
consistency, *101*
contour, *81*
contour, *79*
cor, *37*
correlation, *37*
    rank —, *40*
correlation coefficient, *33*, *36*
correlation coefficient, *79*
cov, *36*
covariance, *37*
cummulative distribution function, *51*
curve, *52*

data.entry, *26*
density function, *52*
deviation, *21*
distribution, *51*
    multivariate normal —, *79*
    quadratic —, *90*
    triangular —, *91*
distribution function, *51*
dnorm, *55*

dunif, *57*

efficiency, *102*
estimation, *98*

file.choose, *25*, *26*
fivenum, *16*
fix, *26*
function, *19*
F 分布, *74*

getrange, *19*
graphics.off, *94*, *96*

help, *53*
help.search, *53*
hist, *10*
histogram, *10*

ifelse, *122*
image, *81*
interqrange, *20*
IQR, *20*
interquartile range, *18*, *20*
interval estimation, *107*
iris データ, *44*

J 型分布, *11*

kendallrankcor, *44*
Kendall's rank correlation coefficient, *43*
ケンドールの τ 係数, *35*

length, *5*, *6*
library, *47*
likelihood function, *104*
    log —, *104*
lm, *32*
load, *9*

log lilelihood function, *104*
ls, *4*
L 型分布, *11*

max, *15*
maximum likelihood estimator, *103*, *104*
maximum likelihood method, *103*, *104*
mean, *13*
mean vector, *79*
meandeviation, *21*
mean deviation, *21*
median, *13*
mfrow, *29*
min, *15*
MLE, *103*, *104*
multivariate normal distribution, *79*

normal distribution, *53*
    multivariate —, *79*
normal2dens, *79*
normal2randd, *83*
normal2dens8, *80*
normal2rand, *82*
normalprand, *82*
null hypothesis, *118*

one.var.analysis, *28*
outlier, *13*

par, *29*
pdf, *52*
persp, *79*, *80*
plot, *29*, *82*
pnorm, *56*
population, *98*
positive definit matrix, *79*
print, *28*
probability density function, *52*

probability distribution, *51*
`punif`, *57*
p 値, *119*, *125*

q, *1*
Q_1, *16*
Q_2, *16*
Q_3, *16*
`qnorm`, *56*
quadratic distribution, *90*
`quantile`, *18*

R, *170*
random number, *58*
random sampling, *99*
range, *19*
range, *19*
rank correlation, *40*
rank correlation coefficent
 Kendall's —, *43*
 Spearman's —, *40*
`rbind`, *44*
`read.csv`, *26*
`read.table`, *25*
`rep`, *92*
residual, *37*
`library(rgl)`, *47*
`rm`, *5*
`runif`, *58*
R のインストール, *170*

`sample`, *98*
`sapply`, *73*, *92*
`save.image`, *8*
scatter plot, *29*
scattergram, *29*
`pairs`, *46*
`plot`, *46*
Schwaltz の不等式, *37*
`sd`, *22*

siginificance, *119*
`sim.pi`, *59*
simulation, *58*
`sink`, *7*
`source`, *8*
`cor`, *42*
Spearman's rank correlation coefficient, *40*
`sqrt`, *22*
standard deviation, *22*
`standev`, *22*, *37*
`stdev`, *22*
`summary`, *16*
`switch`, *88*, *89*

triangular distribution, *91*
`t.test`, *114*, *125*
t 検定, *121*
t 分布, *67*
 —の導出, *69*

unbiased, *101*
unbiased variance, *21*
uniform distribution, *57*

`var`, *22*, *36*
variable, *26*
`variance`, *21*
variance, *21*
variance covariance matrix, *79*

【ア】
アイリス データ, *44*

一様分布, *57*
一様乱数, *58*
一致性, *101*

円周率, *58*

索　引　　　　　　　　　　　179

【カ】
回帰直線, 31
χ^2 分布, 60
　　　—の再生性, 61, 85
ガウス分布, 53
確率, 50
確率分布, 50, 51
確率密度関数, 52
片側仮説, 119
片側検定, 120
片側対立仮説, 119
関数のグラフ, 52, 79
　　　2 変数—, 79
関数の読み込み, 8
完全相関, 38
ガンマ関数, 62

棄却, 118
危険率, 118, 119
棄権率, 119
起動, 1, 2
帰無仮説, 118
共分散, 36

区間推定, 106

結果の保存, 7
検出力, 132
検定, 118
　　　母分散の—, 129
　　　母平均の—, 119, 125
検定の誤り, 118, 120
　　　第一種の誤り, 118
　　　第二種の誤り, 118
ケンドールの順位相関係数, 43
ケンドールの τ 係数, 35, 44

5 数要約, 15
コピー, 5
コメント, 7

コレスキー分解, 149

【サ】
最小 2 乗法, 14, 31
最小値, 15, 16
再生性, 61
最大値, 15, 16
最尤推定値, 104
最尤推定量, 104
最尤法, 103, 104
削除, 6
三角分布, 91
残差, 37
3 次元散布, 46
3D プロット, 46
散布図, 29
散布図行列, 46

2 乗誤差, 31
四分位点, 16
四分位範囲, 18, 20
シミュレーション, 58, 65
　　　F 分布, 77
　　　t 分布, 71
　　　一様分布の和の分布, 85
　　　円周率, 58
　　　自由度 1 の χ^2 分布, 65
　　　標本平均の基準化, 72
　　　母平均の検定, 121
修正, 7
終了, 1, 2
受容域, 118
Schwaltz の不等式, 37
順位相関係数, 40
　　　ケンドールの—, 43
　　　スピアマンの—, 40
象限, 33
信頼区間, 107
信頼度, 107

索　引

推定, *98*
　　区間
　　　　母平均の—, *107*
　　点
　　　　母分散の—, *105*
　　　　母平均の—, *104*
スピアマンの順位相関係数, *40*
スピンプロット, *46*

正規分布, *53*
　　2変量—, *79*
　　多変量—, *79*
　　標準—, *53*
正規乱数, *82*, *90*
　　2変量—, *82*
　　p変量—, *82*
正定値行列, *79*
絶対誤差, *31*
絶対偏差, *14*

相関
　　完全—, *38*
　　無—, *38*
相関係数, *33*, *36*, *79*, *83*
　　—の性質, *37*
　　標本—, *83*
相関図, *29*
双峰, *11*

【タ】
第一種の誤り, *118*
対称, *13*
対数尤度関数, *104*
第二種の誤り, *118*
代表値, *13*
対立仮説, *118*
τ（タウ）係数, *35*
多変量解析, *44*
多変量正規分布, *79*
多変量正規乱数, *149*

多変量データのグラフ表現, *44*
多峰, *11*
単峰, *11*

置換, *7*
中央値, *13*, *16*
中心極限定理, *87*
鳥瞰図, *79*, *80*

追加, *5*

データ, *3*
データ・関数の保存, *8*
データ入力, *3*
データの削除, *6*
データの修正, *5*, *7*
データの置換, *7*
データの追加, *5*
点推定, *99*

等高線図, *79*, *81*
度数分布表, *10*

【ナ】
名前の削除, *5*

二次元分布, *90*
2乗偏差, *15*
2変量正規分布, *79*
2変量データの分析, *23*
入力促進メッセージ, *3*

【ハ】
箱ひげ図, *15*, *17*
　　平行—, *29*, *46*
外れ値, *13*, *16*
パッケージ, *47*
ˆ, *31*
ハット, *31*
ばらつき, *18*

範囲, 19

ヒストグラム, 10
標準偏差, 22
標本, 98
標本分布, 60
ヒンジ, 16
hinge, 16

ファイルからのデータ入力, 25
不偏性, 101
不偏分散, 21, 106
プロンプト, 1, 3
分位点, 18
分散, 21
 不偏—, 21
分散共分散行列, 79
分布, 51
 2変量正規—, 79
 F—, 74
 t—, 67
 一様—, 57
 χ^2—, 60
 ガウス—, 53
 三角—, 91
 正規—, 53
 多変量正規—, 79
 二次元—, 90
 標本—, 60
 平方根—, 91
分布関数, 51
分布の形状, 11
分布の代表値, 13
分布の中心, 13
分布を見よう, 10

平均値, 13, 14
平均ベクトル, 79
平均偏差, 21
平行箱ひげ図, 18, 29, 46
平方根分布, 91

ベータ関数, 62
偏差, 14, 21
変数, 26

母集団, 98
保存, 7, 8
保存したデータの読み込み, 9
ボックスプロット, 15, 17
母分散の検定, 129
母分散の最尤推定値, 105, 106
母分散の不偏推定値, 106
母平均の検定, 125
母平均の検定（母分散既知）, 119
母平均の検定（母分散未知）, 121

【マ】
密度関数, 52

無作為非復元抽出, 99
無相関, 38

【ヤ】
有意, 119
有意水準, 119
有効性, 102
尤度関数, 104
 対数—, 104

読み込み, 8

【ラ】
乱数, 58, 65, 146
 多変量正規—, 149

両側仮説, 119
両側検定, 120

累積分布関数, 51

列番号, 24

〈著者紹介〉

垂水　共之（たるみ　ともゆき）
1972年　九州大学大学院理学研究科修士課程修了
現　在　岡山大学アドミッションセンター 教授
　　　　工学博士
専　攻　統計学
著　書　『Windows 版 統計解析ハンドブック』（共編，共立出版，1995, 1997, 1999）
　　　　『Lisp-Stat による統計解析入門』（共立出版，1999）
　　　　『統計解析環境 XploRe』（監訳，共立出版，2001, 2003）他多数

飯塚　誠也（いいづか　まさや）
1999年　岡山大学大学院自然科学研究科博士後期課程中途退学
現　在　岡山大学大学院環境学研究科 講師
　　　　博士（理学）
専　攻　統計学

R/S-PLUS による統計解析入門
An Introduction to Statistics Using R/S-PLUS

2006 年 4 月 25 日　初版 1 刷発行
2022 年 9 月 1 日　初版 6 刷発行

著　者　垂水共之　ⓒ2006
　　　　飯塚誠也

発行者　南條光章

発行所　共立出版株式会社
　　　　郵便番号 112-0006
　　　　東京都文京区小日向 4 丁目 6 番 19 号
　　　　電話 (03) 3947-2511（代表）
　　　　振替口座 00110-2-57035 番
　　　　URL www.kyoritsu-pub.co.jp

印　刷
製　本　真興社

一般社団法人
自然科学書協会
会員

検印廃止
NDC 417.6, 007, 350
ISBN 978-4-320-01807-5　　Printed in Japan

|JCOPY| ＜出版者著作権管理機構委託出版物＞
本書の無断複製は著作権法上での例外を除き禁じられています．複製される場合は，そのつど事前に，出版者著作権管理機構（TEL：03-5244-5088，FAX：03-5244-5089，e-mail：info@jcopy.or.jp）の許諾を得てください．